白话液压

HYDRAULICS
FOR EVERYONE

张海平◎编著

U0279842

机械工业出版社
CHINA MACHINE PRESS

本书以中学物理知识为基础，深入浅出地介绍了液压技术的概况、原理及发展前景。

附赠资源中包括介绍液压广泛应用的幻灯片文件"液压应用.ppsx"和作者已发表的部分文章。

本书的特点是，通俗易懂，图文并茂，剖析现象，揭示本质，梳理因果，是液压零基础读者的不二选择。

本书可作为大专院校机械类在校学生学习流体动力控制课程的入门读物，也可作为机械类企业的工程技术人员和高级技工自学液压的入门书，或作为液压基础培训教材，为进一步深入学习研究液压打下基础，同时可用作各类高等院校和成人教育学院机电类专业的教学参考书。

本书也可以帮助非机械类专业人士，如初涉液压的金融投资人员、决策人员、行业和企业领导了解液压技术。

图书在版编目（CIP）数据

白话液压 / 张海平编著. —北京：机械工业出版社，2018.7（2024.4 重印）
ISBN 978-7-111-60421-1

Ⅰ. ①白… Ⅱ. ①张… Ⅲ. ①液压技术—基本知识
Ⅳ. ①TH137

中国版本图书馆 CIP 数据核字（2018）第 154722 号

机械工业出版社（北京市百万庄大街 22 号　邮政编码　100037）
策划编辑：张秀恩　责任编辑：张秀恩
责任校对：陈　越　封面设计：鞠　杨
责任印制：单爱军
北京虎彩文化传播有限公司印刷
2024 年 4 月第 1 版第 7 次印刷
169mm×239mm • 12.75 印张 • 245 千字
标准书号：ISBN 978-7-111-60421-1
定价：79.00 元

凡购本书，如有缺页、倒页、脱页，由本社发行部调换
电话服务　　　　　　　　　　　网络服务
服务咨询热线：010-88361066　　机工官网：www.cmpbook.com
读者购书热线：010-68326294　　机工官博：weibo.com/cmp1952
　　　　　　　010-88379203　　金书网：www.golden-book.com
封面无防伪标均为盗版　　　　教育服务网：www.cmpedu.com

前言
PREFACE

本书旨在帮助读者对液压有一个全面的了解。因此，作者写作本书的宗旨是：

——通俗易懂，便于自学；

——剖析现象，揭示本质，梳理因果；

——由历史到现状，介绍发展趋势；

——实事求是，辨识真伪。

本书是为以下一些朋友而写的。

——即将学习液压的大学生们：

你们即将学习液压，但液压为何物，心中没底，请你打开本书，这里没有教材中晦涩难懂的语言，也没有复杂的计算公式，但通过本书的学习，你能掌握液压的全貌、原理，了解到教材中没有的当今世界液压新技术，分享作者30多年的领悟。

——初涉液压的金融投资机构的分析师、决策者：

你们学经济金融出身，可能从未接触过液压产品，对液压尚一无所知，但却需要在短时间内做出决策，是否投资某项液压技术和产品。凭着你们极强的理解能力，花几小时浏览本书，你们就可以了解液压技术的概况、市场发展趋势和前景，抓住液压技术的脉络，从大局认识液压技术的价值。

——液压企业的二代企业家：

你们从父母手中接过了液压企业，为了推进我国液压产业的发展，你们有责任继续引领企业发展。虽然某些技术细节问题可以交给员工处理，你们一时还不需要关注，但液压技术的总体概况你们需要把握，以便支持创新。本书可以为你们以后深入了解某项目或产品细节提供技术地图和指南。

——液压企业的管理人员、财务、采购人员：

也许你们有很多的时间与液压产品亲密接触，却不太清楚这些产品是怎么工作的，价值何在。这是因为，在液压系统工作时，液压油在管道和元件内部流动，

看不见，摸不到，所以，会感到液压控制很抽象，不好懂。本书可以帮助你们透过液压元件的外壳，了解液压元件系统是怎么工作的，从而可以更理性地了解本企业的产品，企业发展前景，了解一线的同事们在为何而流汗，与他们有共同语言，不说外行话，知道怎么更好地配合他们。

——液压企业的工艺人员、制造员工等：

你们也许没有读过大学，没有听过有关液压的课程。不要紧，液压并不难懂。要读懂本书，只要有中学物理基础就够了，没有学过微积分也可以。在你们所从事的工作方面你们是行家里手，毋庸置疑，但读了本书，你们可以更了解液压技术的原理和概况，更懂得你们目前工作的价值和意义，不仅知其然，而且知其所以然，从而做得更好。有些难点，在初读时，可以先跳过。读着读着，你就懂了；想着想着，你就通了。

——来到液压企业或主机企业，一头雾水的大学机械类毕业生们：

你们在学校也学过液压课程，知道一些液压的理论，但由于种种原因，见木不见林，还未抓住液压技术的概况和关键、现状与趋势，来到液压企业，不知该怎么发力。这是很常见的，因为你们学校里用的液压课本大多是很基础的，面很窄，重点放在以学科为中心的学科知识体系，以理论思维训练为中心，注重公式推导，却不重视物理量之间的因果关系。课堂讨论的都是理想状况，一些最关键的本质因果关系都未曾揭示。遑论有些所谓教材，东拼西凑，南抄北袭，未经自己的思索，也未到实践中去检验，导致不恰当的，甚至是错误的提法，广泛流传，给读者带来困惑和误导。有些课本内容极其陈旧，与世界液压技术当前发展状况相去甚远，很多 20 世纪 80 年代就已出现，现在已十分成熟普遍应用的技术都未介绍。

而目前有许多应用于培养技能型人才的高职液压教材，只是本科教材内容的缩减而已，晦涩难读，并不适宜自学。

说实在的，作为液压工程师，能用微分方程描述液压元件系统，固然好。但是，面对实际应用、设备故障，在绝大多数情况下，都是先定性再定量。很多场合，光定性就能解决问题了。需要的是清醒而周密的逻辑判断能力，要使用微分方程才能解决问题的场合是少而又少的。

液压技术面对的全都是非理想状况，有大量的不确定性。驾驭这些非理想不确定，才是液压工程师的真本事。

虽然液压产业在整个国民经济中是一个小行业，但现代液压技术经过近百年的发展，现在已是极其丰富，相当成熟了。其中几乎每一项技术都有几十甚至几百个专业技术人员花了几年甚至几十年时间研究过，有很多很多的技术细节、特殊情况的特殊处理，有着极深的学问，这些相对个人的学习能力而言，是博大精深，穷毕生精力都学不完的。所以，真不能误解液压技术如本书叙述的那么简单，还是需要一些耐心学习的。不花时间，掌握不了其精髓。

本书不能帮助你们登上液压技术的巅峰，但可以帮助你们了解概况，尽快到达山脚，看清攀登的途径。祝你们成功！

千里之行，始于跬步。借朋友的一首诗，献给热爱液压的朋友们。

走着走着

天就蓝了　海就阔了

走着走着

花就开了　草就绿了

走着走着

坡就缓了　路就直了

走着走着

你就来了　心就醉了

目前，在液压技术领域内，有一些捕风捉影，混淆概念，传播不实的说法。希望本书能帮助读者鉴别真伪。

本书的目的在于帮助读者尽可能轻松地了解当前液压技术的概况。而世间诸事往往都有例外，液压技术亦然。若要面面俱到，则必定烦琐不已。为了简明通俗，突现本质，本书简化了某些叙述，略去了一些细节、不常见的工况和尚在研究探索试验中的设想，因此，必定是不全面，不十分精准的。但可以肯定地说，是八九不离十的。

由于国内的液压技术术语大多是舶来货，多人各自翻译，很不统一，而且在不同行业还常常不同，本书不可能一一列举。还请读者根据情况，在需要时，参考其他书籍。

为缩减篇幅，本书使用了下列简称：

IFAS——Institut für fluidtechnische Antriebe und Steuerungen，RWTH Aachen 德国亚琛工业大学流体技术传动与控制研究所，自 2018 年 4 月起，改称流体技术传动与系统研究所；

伊顿——美 Eaton-Vickers 公司；

派克——美 Parker Hannifin 公司；

布赫——德 Bucher Hydraulik 公司；

哈威——德 HAWE Hydraulik SE 公司；

利勃海尔——德 Liebherr 公司；

升旭——美 Sun Hydraulics 公司；

力士乐——德 Bosch-Rexroth AG 公司；

海德福斯——美 HydraForce 有限公司；

泰丰——山东泰丰智能控制股份有限公司。

本书的附赠资源放在百度网盘中，读者可登录下列网址下载。提取码：cu4h。

https://pan.baidu.com/s/1CZKCn3gc-psa95evJPxs3A?pwd=cu4h

其中有幻灯片文件"液压应用.ppsx"，收集了液压技术的多方面应用，以及作者一些已公开发表的文章，以便读者查阅。

本书尽管反复检查，但难免还有错误。作者衷心欢迎读者提出意见和建议，作者电子信箱：hpzhang856@sina.cn。读者还可通过作者的博客：blog.sina.com.cn/lwczf，查阅不断更新的勘误表。

感谢本书所引用的参考文献的所有作者。由于本书写作时间较长，有些引用文献可能遗漏标注，恳请有关作者谅解。

本书写作期间得到了以下公司的支持，谨此致以衷心感谢。

青州锦荣液压科技有限公司、烟台未来自动装备有限责任公司、宁波克泰液压有限公司、英国维泰科（WEBTEC）产品有限公司。

张海平

目录
CONTENTS

白话液压

第1章 概述
CHAPTER 1

1.1　什么是液压

　　用一根棍子，克服阻力，可以推动一个物体（见图1-1）。物体移动的速度取决于棍子移动的速度，因为棍子是固体。

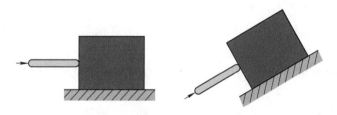

图 1-1　用棍子推动物体示意

　　如果用水流冲击物体，也可能推动一个物体（见图1-2）。水量越大，水流速度越高，则推动力越大。物体移动的速度不同于水流的速度，因为水是液体，没有固定的形状。

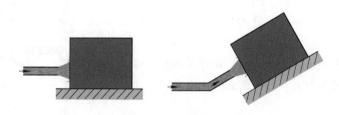

图 1-2　用水流推动物体示意

　　水流敞开的话，会有很大的损失。如果把水流收集在容器里，水就不会损失，能效也会高一些。

　　因为这种技术主要是靠液体的速度和质量，也就是动能，来发挥作用的，所以，被称为动压传动，或液力传动。由于其灵活，也有一定的应用，如液力偶合器、液力变矩器等，但产品种类较少，不属于本书介绍的主题。

如果把水封闭起来去挤压棍子，也可以推动物体（见图1-3）。

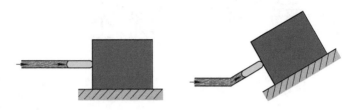

图1-3　用液压推动物体示意

物体移动的距离取决于水量：送进去多少水，物体就移动多少。

物体移动的速度取决于单位时间送进去的水量：单位时间送进去的水越多，物体移动得越快。当然，使用其他液体代替水，可以有类似的效果。

这种让液体以压的方式，使物体克服阻力运动，也就是传递动力（力和速度）的技术，就是液压传动，也被简称为液压。

因为相比较上述的动压传动而言，这里的液体流动速度可以慢得多，所以，也被称为静压传动、静液压传动。

因为水的形状可改变，所以，作用的方向和距离就较仅仅用棍子去推灵活得多。

以气体为工作介质，以压的方式，传递动力，被称为气压传动或气动。

以液体和气体为工作介质的技术被合称为流体技术。

1. 液压系统的实例

图1-4所示为一简单的液压系统，采用的液体是液压油（图中橘红色）。

图1-4中，液压泵3的工作原理类似于打气筒。在利用手柄1压下柱塞2时，由于吸油单向阀9封住了吸油管10，液压泵3中的液压油只能经过排油管4和排油单向阀5，进入液压缸6，推动活塞7上升，压缩工件8。

在手柄1带动柱塞2上升时，液压泵3中出现真空，油箱13中的液压油在大气压力的推动下，经过吸油管10，推开吸油单向阀9，进入液压泵3。由于排油单向阀5封住了排油管4，液压缸6中的液压油不会返回，所以，活塞7不会下降。

反复提压手柄1，就可推动活塞7不断

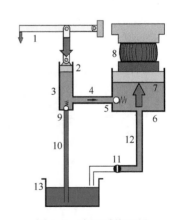

图1-4　液压系统示例

1—手柄　2—柱塞　3—液压泵　4—排油管
5—排油单向阀　6—液压缸　7—活塞
8—工件　9—吸油单向阀　10—吸油管
11—卸荷开关阀　12—回油管　13—油箱

上升。

　　只有开启卸荷开关阀 11，液压缸 6 中的液压油才会经过回油管 12 流回油箱 13，活塞 7 才会下降。

　　一般称为"千斤顶"的小型起重设备就是这样工作的。

　　上述系统可以工作，但是如果需要经常驱动，依靠手动，毕竟太累了。所以，实际应用的液压泵都是由电动机或发动机带动，输出液压油的。如图 1-5 所示，液压阀 4 用于控制液压油的流动方向，从而改变液压缸的运动方向。

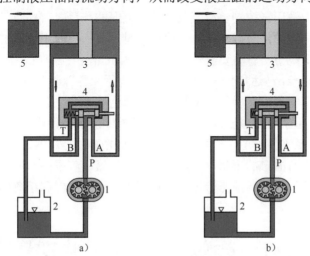

图 1-5　液压系统示例

a）推动负载向左　b）推动负载向右

1—液压泵　2—油箱　3—液压缸　4—液压阀　5—负载

2．液压系统的组成

　　实际应用的液压系统大体由液压泵、液压阀、液压执行器和辅件等组成（见图 1-6）。

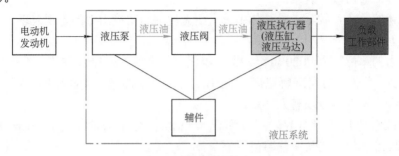

图 1-6　液压系统的组成

1）液压泵在电动机或发动机的驱动下，排出液压油。

2）液压执行器，与工作部件相连，在液压油的推动下，驱动工作部件。

驱动，通常指的是，使工作部件运动。液压执行器还有一个任务：使工作部件从动到不动，即制动。本书中把驱动和制动统称为控制，把需要由液压执行器来控制其运动的工作部件统称为负载。

控制负载运动，是液压技术赖以生存的基本任务。

要控制负载运动，就要克服各种影响运动的阻力。所以，本书把由液压执行器来克服的各种阻力，统称为负载力。

液压执行器分为液压缸和液压马达。

大体来说，液压缸控制负载直线运动，克服的是负载力；液压马达控制负载转动或摆动，克服的是负载转矩。为简洁起见，以下一般用液压缸泛指液压执行器，一般仅提负载力，省略负载转矩。

根据国家标准，马达指"提供旋转运动的执行元件"，含液压马达和气动马达。因为本书不涉及气动，所以，以下简称液压马达为"马达"。

3）液压阀用来限制液压油的流动，从而控制液压执行器的运动。

4）辅件包括连接管道、油箱、过滤器、加热器、冷却器、指示仪表等。

因为液体没有固定的形状，所以，液压执行器、液压阀和液压辅件可以安排在任何需要的地方，只要液压管道可以通得到，没有方向和距离的限制。因此，就非常灵活。

1.2　衡量液压技术的最基本的物理量

衡量人的身体状况有很多指标，其中最基本的是身高、体重。与之相似，衡量液压元件和系统的性能状况也有两个最基本的物理量：压力、流量。

1. 压力

液压技术中，液体的压力，指的是作用在单位面积上的力，在中学物理中被称为压强，通常以 p 表示。

液体的压力，实际上是液体中分子团无规则运动撞击力的宏观表现。

（1）单位

压力的单位，直到 20 世纪六七十年代，一直使用公斤力/厘米^2（kgf/cm^2），俗称公斤。因为很容易理解记忆：1 公斤力作用在 1 厘米^{2}的面积上产生的压力就是 1 公斤，所以至今还有人在用。

力的单位用牛顿（N）后，用巴（bar）作为压力的单位，1bar=10N/cm^2（≈1.02kgf/cm^2），在欧美普遍使用至今。

中国国家标准，按国际单位制，要求使用帕（Pa），1Pa=1N/m^2=0.0001N/cm^2=0.00001bar。对液压技术来说，Pa 太小，所以，除个别场合使用千帕（kPa）外，一般都使用兆帕（MPa），即 10^{6}Pa。1MPa=10bar。

（2）基准

以绝对真空为基准的，称为**绝对压力**（见图 1-7）。大气的绝对压力在 0.1MPa 上下波动：台风是低压；冷空气来了，大气压力升高。

因为几乎所有液压设备都工作在有大气压力的场所，其工况的绝对压力随大气压力而变，所以，液压技术中一般都以大气压力作为基准，称为**相对压力**。低于大气压力的压力就为负压力，也称**真空度**。绝对真空就为负压力，约 –0.1MPa，或真空度约 100kPa。

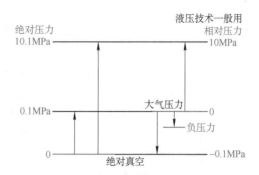

图 1-7 绝对压力与相对压力

（3）**重力引起的压力**

液柱的重力引起的压力 p 由液柱的高度 h 和液体的密度 ρ 决定，与容器形状无关（见图1-8）。

$$p = h\rho g$$

式中 g——重力加速度。

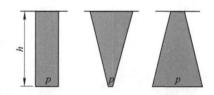

图 1-8 重力引起的压力仅依赖于液柱高度

因为水的密度为 1g/cm^3，重力加速度 g 约为 9.8m/s^2，所以，在高为 10m 的水柱底部，水柱重力引起的**压力**为 $10\text{m} \times 1\text{g/cm}^3 \times 9.8\text{m/s}^2 = 9.8\text{N/cm}^2 \approx 1\text{bar} = 0.1\text{MPa}$。

当代液压技术，一般称 7MPa 以下为低压，10～21MPa 为中压，31MPa 以上为高压（各行业有所不同，无严格的规定）。所以，低压大致相当于水深 700m 以内的压力，中压则为水深 1000～2100m 的压力，高压则为水深 3100m 以上的压力。

因为常用液压油的密度比水小，所以，相同高度的油柱引起的压力低于水柱。

（4）**外力引起的压力**

静止的液体具有这样的特性：作用于液体任一部分的**压力**，必然按原来的大小，由液体向**四面八方**传递，即如图 1-9 所示：外力 W 在液体中引起的压力 $p=W/A$，容器中各部分液体就都有压力 p。此原理由法国人帕斯卡在 1648 年归纳，所以，也称**帕斯卡原理**。

此液体对容器壁的**作用力**，就

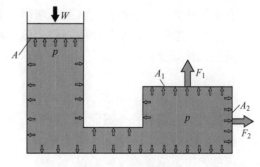

图 1-9 压力的传递

是压力与作用面积之乘积：$F_1=pA_1$，$F_2=pA_2$。

以上是为了便于理解而理想化了的，与现实有差距。因为，精确地说，在地球上，容器下部的压力,由于液体重量的影响，总会高于上部。但因为水或油 1m 高度差带来的压力差小于 0.01MPa，与现代液压技术常用的压力相比，小得多，因此，在多数应用场合，高度差引起的压力差就常忽略不计了。

（5）液压杠杆

生活经验，使用杠杆，可以用较小的力撬动较重的负载（见图 1-10a）。

根据液体的前述特性，也可以组成所谓的液压杠杆。图 1-10b 中，负载力 F_1 在液压缸中产生的压力 $p_1=F_1/A_1$。如果液压泵的作用面积 $A_2<A_1$，则较小的作用力 $W=p_2A_2$ 就可以克服较大的负载力 F_1，推动负载上升。

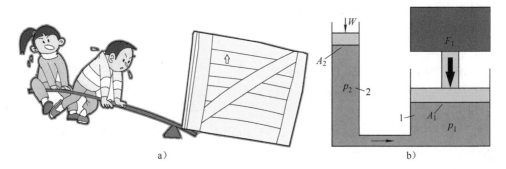

图 1-10　杠杆

a）普通杠杆　b）液压杠杆

1—液压缸　2—液压泵

注意：要使负载上升，就要让液体从液压泵流向液压缸，帕斯卡原理有效的前提条件——静止液体，在实际液压系统中是不能满足的。液体的压力会由于流动时的摩擦力造成的损失而下降，所以，实际需要的 p_2 必须高于 p_1。

液压系统的工作压力越高，元件、管道受到的作用力就越大，就越需要元件、管道结实耐压。

所有液压元件、管道都有其耐压极限，只是高低不同而已。就好像，一般气球可以吹爆，自行车内胎虽然吹不爆，但用打气筒就能打爆。

液压元件可持续承受的压力，一般称额定压力。

2．流量

（1）体积流量

单位时间内流过一个截面 A 的液体体积 V（见图 1-11），称为体积流量，在液压技术中，常简称流量，以 q 表示。类似还有质量流量，但极少用。

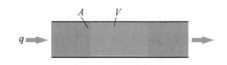

图 1-11　体积流量

流量的单位常用 L/min（升/分）。如图 1-12 所示，如果通过管道的流量 q 是 100L/min，那么，充满一个容积 V=1000L 的空箱，需要的时间 $t=V/q$，为 10min（分钟）。如果流量 q=200L/min，那么 5min 就够了。

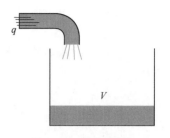

图 1-12　流量的单位

（2）流速

液体在管道内流动的速度不是处处相同的。但是，可以从流量算出一个平均流速（见图 1-13）。

$$v = \frac{流量 q}{截面积 A}$$

因为

$$流量 q = \frac{体积 V}{时间 t}$$

体积 $V =$ 截面积 $A \times$ 距离 L

所以，也可以说

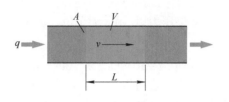

图 1-13　液体的流速

$$平均流速 v = \frac{距离 L}{时间 t}$$

（3）流道截面变化时的流速

"两岸猿声啼不住，轻舟已过万重山"说的是当年三峡的水流湍急。这是因为河道被两岸绝壁所限，通流面积狭窄，江水只得快马加鞭，增高流速。在液压管道中（见图 1-14）也相似。

因为，如果液体的量在流动过程中，既不增加，也不减少，各处的流量始终是相同的。那就意味着，不管流道的截面积如何变化，都有

$$\begin{aligned} q &= v_1 A_1 \\ &= v_2 A_2 \end{aligned}$$

所以

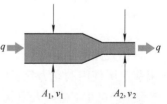

图 1-14　封闭流道中液体的流速

$$\frac{v_1}{v_2} = \frac{A_2}{A_1}$$

也就是，流速与截面积成反比：流道越细，流速越高。

（4）流动与压力损失

液体流动，必定会有压力损失，这来自两方面的摩擦：

——液体与流道壁面的摩擦；

——液体内部相互间的摩擦。

因此，流道壁面越粗糙，形状越多变，流速越高，压力损失就越大。

在液压系统中工作流量较大时，为了减少压力损失，就要采用较大的元件和管道。

一般用一定压力损失下可通过的流量来标记液压元件，称之为该元件的额定流量。

3. 功率

对机械运动而言，在力 F 作用下移动了距离 S，所做的功

$$W=FS$$

而单位时间里做的功就是功率 P，也就是

$$P=力 F\times 速度 v$$

而对液压而言，液体传递的功率 P 是压力 $p\times$流量 q。

如果压力以 MPa 为单位，流量以 L/min 为单位，就可以算出功率

$$P(kW)=p\times q/60。$$

例如，$p=30MPa$，$q=100L/min$ 的话，那么功率 $P=30\times 100/60kW=50kW$。

从上式还可以看出，要传递某一确定的功率，既可以采用低压较大流量，也可以采用较高压较小流量。而流量较小，液压元件的体积就可以较小。所以，多年来液压技术的发展趋势就是提高工作压力。

1.3 液压技术的历史与当今应用

因为液压可以驱动物体运动，就像人的肌肉驱动肢体运动一样，有力而灵活。所以，在需要驱动物体（设备、机械、工件）运动时，工程师常常首先会想到液压技术。

1. 简要历史

早在公元前 200 年，人类就通过水轮的方式开始利用水力，直到蒸汽机进入实用前，所使用的动力除了肌肉力、风力外，就是水力。

约在 1600 年德国人凯普勒发明了齿轮泵（见 6.2 节），但最初并未获得应用。在 1663 年，法国人帕斯卡提出了液压机的原理。1795 年英国人博拉玛制造出第一台工业用的水压机。在蒸汽机能够实用后，在英国、法国开始建设为驱动液压机械提供能量的高压水网。

19 世纪下半叶，英国人阿姆斯强研发了很多液压机械和元件，主要用于船舶绞锚机和提升机。1880 年奥地利在开凿阿尔卑斯山隧道时第一次使用了液压钻机（见图 1-15）。那时，许多零件

图 1-15 用水的液压钻机[5]

与现在的元件已经很相似。

到 1939 年，伦敦的高压水网已达 300km，每年为 8000 台液压设备提供 750 万 m³ 5.5MPa 的压力水。直到 20 世纪 70 年代，此网还在为伦敦地铁的升降梯提供液压能[5]。

1905 年，人们发现矿物油更适宜作为压力介质。因此，在很短时间内就被普遍改用油了。

液压技术在两次世界大战期间被更迅速地推进了。到 1940 年，工作压力为 35MPa 的液压泵已系列生产。

2．当今应用

现在，很少有工业产品可以不靠运用液压技术而产生，液压产业已成为现代制造业的支柱型产业，液压技术在国民经济各领域中都起着重要作用。但液压技术是个幕后英雄，大部分用在日常生活看不到的地方。因此，其重要性常被低估。液压产业虽然相对整个国民经济体量不大，但影响很大。所以，其被喻为"秤砣"，并不为过。

液压产品和技术在很多行业被应用（见图 1-16），详见附赠资源"液压应用.ppsx"。大致可粗分为以下几方面。

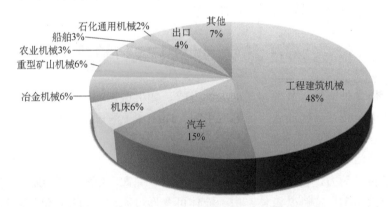

石化通用机械2%　出口4%　其他7%
船舶3%
农业机械3%
重型矿山机械6%
冶金机械6%
机床6%
汽车15%
工程建筑机械48%

图 1-16　2016 年中国液压产品应用行业分布（据中国液压气动密封件工业协会统计）

（1）用于固定设备

如金属切削机床、锻压机、金属成型及冶金设备、汽车工业设备、机械手、试验台、印刷和造纸设备、木材加工设备、橡胶和塑料机械、隧道和矿山设备、石油钻井设备、输送设备、娱乐设施、饮料食品机械、包装机械、水利工程、造船设备、船舶机械等。

用于固定设备的液压一般简称为"固定液压"或"工业液压"。对液压系统的体积和重量的要求一般不太严，但对控制精度和工作持久性的期望普遍较高。

（2）用于移动设备

如各种工程机械：起重机、装载机、推土机、压路机、平地机、叉车、混凝土机械、挖掘机、打桩机等，以及拆卸设备、轿车、卡车、消防车、扫路车、废物集运车、多用途车、林业机械、农业机械、高铁建设机械、大型运梁车、高空架梁车，各种军工车辆、武器装备，如导弹车、运兵车、装甲车、保障机械等。

用于移动设备的液压一般被简称为"移动液压"，多要求轻巧，对控制精度的要求不一定很高。

以上划分并非绝对。例如，船舶，虽说是移动的，但因为船舶，特别是大型船舶，空间大，因此，应用的液压系统常常允许大些重些。而风力发电机虽然是固定的，但因为其液压系统安装在很高的塔顶，空间极为有限，就要求小而轻巧。

（3）用于航空航天

用于航空航天的液压元件系统，不仅要小而轻，而且还要有极高的可靠性，但可以接受较高的价格。

（4）其他

如水下作业和海洋开发等。

液压技术还被应用于其他非传动领域，如机械设备润滑油的供应与调节，海水淡化，从油页岩中获取石油，水切割等。

1.4 为什么液压技术会被广泛应用

除液压之外，还有其他传递动力的方式，如机械传动、电力传动、气动等。但为什么液压技术会被如此广泛的应用呢？原因在于液压技术具有一系列优点。

1. 液压的优点

（1）灵活易变

为了传递动力，机械传动利用杠杆、齿轮、绳索、链条、传动带，等等，是固体，而液压利用的则是液体。由于液体可变形可流动，因此，液压较机械传动——固体传动灵活得多，传递动力的方向、距离都灵活易变。液压动力源和液压执行器可以分布在任何可安排的地方，只要能通过管道连接，就能传递动力。

（2）易于控制直线运动

虽然利用机械的丝杠螺母、直线电动机也可以实现直线运动，但结构复杂。而液压缸结构较简单，可输出力几乎无限，因此，是希望控制负载做直线运动时的首选。

（3）可高压工作

气体由于可压缩性远远高于液体，因此，同样压力下储存的能量也大得多，一旦爆炸，危害很大。因此，工作压力一般不允许超过 0.6MPa。而液体则没有这个危险，可在很高的压力下工作，这样可传递的动力就大得多。

（4）力密度高

液体可传递的力较电磁场高 10 倍以上。

目前液压缸工作压力一般可达 35MPa，即内径 20mm 的液压缸就可输出 10000N 的力，即可举升 1t 的重物。而同样直径的所谓电动缸，可输出的力不超过几百牛。

从图 1-17 可以看到，驱动两个液压泵需要的电动机的体积比泵的体积大得多。

图 1-17　驱动两个液压泵需要的电动机

（5）惯量小

电动机因为体积大，所以转动惯量大，常达液压泵的 50 倍以上，因此，控制起来不如液压马达灵活，就像大个子常不如小个子那么灵活一样。例如，起动时间，电动机一般需要几秒钟，而液压马达只需要 0.1s。由于惯量小，液压马达还可以在瞬时快速反转。

（6）变速比高

液压传动的变速比一般可达 100，最高可达 2000，而齿轮副的变速比一般都不能超过 10。

（7）可带负载进行大范围无级调速

机械传动虽然也可以调速，例如汽车的变速器，但换档时必须踩离合器踏板，断开负载，而且是有级的。

（8）载荷易监视易限制

液压很容易通过压力表监视载荷状况，通过溢流阀（见 5.3 节）实现超载保护。

（9）有润滑性

液压油可以兼起润滑剂的作用。因此，元件磨损较小，有利于延长元件寿命。

（10）易散热

齿轮传动、电力传动都会由于内部损耗而发热，温度升高，使润滑油变稀，润滑能力降低，也会破坏绝缘，这是限制机械、电力传动功率的主要因素。而流动的液压油可以把热带走，从而避免局部过热。

（11）易储存

液压能可以借助于蓄能器（见 8.5 节）在几秒内快速完成储存。电能虽然也可以储存在蓄电池里，但允许的储存速度目前还远低于液压蓄能器。想一下手机需要的充电时间，就好理解了。

（12）控制精度高

由于液体的可压缩性较气体低得多，因此，液压控制运动的精度可以高得多。

（13）能效较高

由于气体压缩时会发热，伴随着大量能量损失，因此，气压传动的能效较液压低得多。

（14）便于电控

液压可以通过电磁阀等（5.5～5.7 节）接受计算机的控制指令，从而实现复杂的控制动作，这已经成为一个广泛应用的自动化控制模式了（见第 10 章）。

2. 液压的不足之处

当然，液压传动也有一些不足之处，需要根据应用场合采用相应的附加措施。

1）液压，从机械能转化为液压能，再转回机械能的过程中有压力、流量损失。而机械传动没有能量转化，仅有摩擦损失。因此，液压传动的能效不如机械传动。

2）电能-机械能的转化过程本身不会发出噪声。平时听到的电动机噪声是由冷却风扇，或转动轴承引起的。而液体在通过液压阀时，常会发出噪声。液压泵在工作时，由于其构造复杂，很难避免噪声，有时还相当高。

3）液压元件系统的性能，特别是可靠性，对液压油的污染比较敏感。

4）液压油的外泄漏会污染环境，甚至导致火灾。

5）由于液压油的黏度会受温度变化影响，因此会影响负载运动速度的一致性。

6）由于液压油的刚度不如金属，因此，传动的准确性可能不如机械。

1.5　对液压元件的要求

液压元件因为被广泛应用，因此，也被提出了很不同的期望。例如，希望适应不同的工作环境，如严寒、酷暑；有的要耐腐蚀，有的要防爆。用于移动液压的，希望体积小、重量轻。用在医院、办公室内的，要求无泄漏、低噪声，等等。

以下几方面的要求是较常见的。

（1）优良的控制调节特性

较高的稳定性和重复性，可精微调节，特别是对阀。

（2）耐压性能

现代液压技术的工作压力高，常会有瞬间特别高的压力尖峰，要求液压元件能抗得住。

因为泵往往是整个系统中工作压力最高、持续工作时间最长的元件，因此，对泵的耐压要求往往最高。

（3）工作持久性

对一个液压元件，特别难能可贵的是，在高压，压力剧变下还有良好的工作持久性（寿命）。

影响工作持久性的因素很多，其中，很重要的因素是润滑状况与原材料的材质不均匀度——杂质、气体含量等。

新材料、新工艺的长足进展有助于提高液压元件的工作持久性。

（4）稳定的制造质量

也就是制造的一致性。

常用六西格玛、PPM 来衡量，即在交货成品中一百万个可能不合格处，出现了几个不合格处。

这点对大批量生产的主机厂，如汽车、挖掘机、装载机等，特别重要。

（5）可靠性

可靠，指的是，能在规定的条件下规定的时间内完成规定的功能。

高的可靠性，意味着：

1）单个元件的性能要能满足要求。因为液压元件在工作中会磨损，所以，其性能不仅在刚开始用时，而且在长期工作后，还能满足要求。

2）因为机械制造总有偏差，因此，希望满足不了要求的元件要极少极少，比如说，平均一百万个中少于十个，甚至少于一个。

所以，对液压元件来说，实际上，是设计性能优良与制造质量稳定的综合体现。

液压系统中任何一个元件由于故障失效，都可能影响整个系统整台设备的正常工作。而更换失效的元件，不仅意味着要花钱购买替换件，支付修理费，还常常意味着整台设备必须暂停工作，这一损失常会超过替换件与修理费用。因此，在很多场合，用户宁可支付较高的费用，也要购买不太会失效的元件。

现在国际上已开始用"平均危险失效前时间 MTTFd"（或"平均失效前时间 MTTF"）来衡量液压元件的可靠性。这是一个根据抽样模仿实际工况进行持久性试验得到的指标。持续工作满一年，如果危险失效的概率<3.3%，则可以说，MTTFd>30 年；只有危险失效的概率<0.6%，才可以说，MTTFd>150 年，世界先进水平的液压产品多已达到此水平。

以上这些对液压元件的要求，是衡量液压元件水平的标杆，划分了液压元件的档次。

（6）市场

液压元件的市场可以分为前市场和后市场，两者有不同的要求。

1）前市场：为主机生产厂提供元件，常称为"做 OEM"。一般，每批的订货量较大，但对性能一致性、使用寿命（保质期至少一年）、付款条件的要求也比较强势，特别是那些一流大厂。

2）后市场：提供替换件。虽然对性能一致性、使用寿命（保质期三个月以上）的要求低一些，但往往批量小，价廉的要求较强烈。

当然，顾客对价格的承受能力也是不同的。性价比是一个非常敏感的指标，对技术发展也起着极重要的作用。

1.6 液压产业概况

由于其所具有的特性，液压技术对许多大型设备都是不可或缺的。所以，液压产业也是国民经济的脊梁骨。世界工业强国，都是液压强国。

1. 世界液压市场规模

目前，全球液压产业主要集中在美、德、日、中等国。据国际流体动力统计机构，2016 年世界液压行业会员单位统计规模为 282 亿欧元（总体规模估计为 300 亿～400 亿欧元），其中，按市场销售额，美国占 34%，中国占 28%，日本占 7%，欧共体占 31%（见图 1-18）。

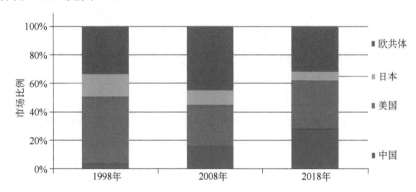

图 1-18　近 30 年来各国液压市场销售额占全球市场比例（中国报告网）

2. 中国液压产业现状

中国的液压产业总销售额在 2016 年达 520 亿人民币，进口约 17.5 亿美元，出口 8 亿美元。国内市场总容量为 582 亿元人民币。但这个数字只是液压气动密封件行业协会会员统计的数字，实际规模要远大得多，保守估计，在 800 亿～1000 亿人民币之间。

中国是液压产品需求大国，占了全世界需求量的 1/3。但中国目前还不是液压强国。当前市场上出售的多数国产液压元件，在欧美市场上 30 年前就可以买到。由于一些国产液压元件的性能，尽管在不断改善之中，离世界先进水平还有相当差距，因此，目前，中国需要的液压元件还有约 1/5 要进口（见图 1-19），占世界市场约 1/4（见图 1-20）。

目前，中国的高端液压市场，比如重型机械设备、冶金、工程机械、石油、电力、海洋等领域，都是国外产品占主导地位，尤其是工程机械领域。20t（吨）以上挖掘机所用的液压件，截至 2017 年年底，基本都来自国外。

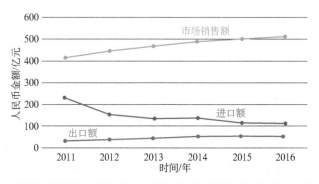

图 1-19　中国液压元件销售额与进出口额（中国液压气动密封件工业协会统计）

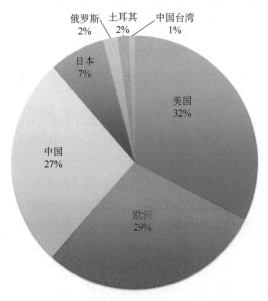

图 1-20　2013 年各国进口液压元件占世界市场份额（德国 VDMA 统计）

中国液压技术水平严重影响主机水平提高。例如，中国大客机 C919 已下线，未来还要研制更大的 C929 客机。要制造这些大型飞机就少不了模锻液压机。巨型模锻液压机，是象征重工业实力的战略装备，世界上能研制的国家屈指可数。目前世界上拥有 4 万吨级以上模锻压机的国家，只有中、美、俄、法。四川德阳中国第二重型机械集团制造的 8 万 t 级模锻液压机（见图 1-21），地上高 27m、地下 15m，总重 2.2 万 t，是目前世界上最大的模锻液压机。然而，这台设备的

图 1-21　国宝级战略装备——8 万 t 模锻液压机

液压系统，却是由外国公司提供。国宝级战略装备的心脏被捏在别人手里，终是国家的心头之痛。

3. 中国液压产业落后的原因

导致我国液压产业落后的原因很多，主要有以下几方面。

1）以前的发展，重主机，轻配件。

2）起步晚。国内液压产品最初是仿苏的。在1965年，通过原一机部和日本油研公司签订了"中日民间贸易"合同，引进了油研系列的叶片泵、阀、液压缸和蓄能器的制造技术和工艺设备，在山西榆次生产。20世纪80年代初引进了德国力士乐系列液压泵、马达和阀的全套图纸和工艺，并派技术人员去德国培训，开始在国内一些厂生产。之后，大量其他企业才从仿制开始蹒跚起步。

3）液压产业的发展，还依赖其他基础产业的支持，如材料、铸造、锻压、热处理、精密加工、电子元器件、测量仪器等。这些方面，国内也都不强。

4）直到20世纪90年代，液压元件制造厂的体制、管理都不适应液压元件的研发改进。

5）知识结构的组合。目前，国内搞液压元器件制造的几乎都是学机械制造出身，大多对化工、电磁等专业知识不熟悉，导致建立在这些专业与液压结合基础上的液压密封件、液压油、电磁铁等，相比较就更弱。

6）产品性能的差别，本质上是人的差别，理念的差别！一些企业主缺乏追求完美的科学精神，停留在测绘仿造阶段，导致中低档产品产能过剩，低价竞争，利润微薄，不愿也无法投入人力物力进一步研发，自主创新能力严重不足。

7）急于求成，一心弯道超车，寻找让猪也能飞的风口。祖训"失败乃成功之母"，现在全忘了。殊不知，所有先进的液压公司都是做了大量尝试积累了丰富的经验，才造出了品质优秀的液压件。在那些公司，没有"少走弯路"一说。尽可能地全方位探索，就是积累经验的过程。没有踏踏实实地一次次试验，一点点地改进，害怕失败，耐不住寂寞，经不住诱惑，没有"十年磨剑"的精神，是做不出好的液压产品的！

8）由于种种原因，中国很多大学液压教育理论脱离实际。一些教师的工作重点放在能写出论文的课题上，对教材内容的实质性更新不感兴趣。太多的教材仍在讲一些十分古老的题材，离世界先进水平差距甚大。这实际上是结果而不是原因：因为不面向实际，不读文献，不做前沿跟踪，满足于因循与汇编现有的中文材料，就只能编出古董教材、古董手册、古董专著，有些甚至还有原则错误[7]。实验设备也落后。导致毕业生的专业能力远远满足不了企业的需求。虽然学了液压这门专业课，但到了实际工作岗位，一头雾水。又找不到适当的中文学习资料，三五年到不了研发前沿。

现在，从企业到政府，从中央到地方，都已普遍认识到这一点。把液压元件列入了国家规划的"关键基础件"。在第 12 个五年计划（2011—2015）中，对中国液压产业的总投资达 300 多亿人民币，超过前 11 个五年计划所有投资的总和。这些投资通过添置设备，选择、研发、改进材料、工艺，特别是组织培训人员，现在正逐渐开始产生效果。相信经过一段时间，中国的液压产业会有长足的进步。为此，也有必要了解液压。

要了解液压技术，就要了解

1） 液压传动控制负载运动时要克服的阻力与要求（本书第 2 章）。

2） 传递压力的液体的物理化学特性（本书第 3 章）。

3） 各类液压元件的功能和工作原理（本书第 4—8 章）。

4） 液压系统的构成与特点（本书第 9—10 章）。

5） 保证液压系统正常工作的措施（本书第 11—13 章）。

6） 液压技术的发展前景（本书第 14 章）。

1.7　液压元件的图形符号

图 1-22a 以结构图的方式表示了一个液压系统的主要元件，直观，容易理解，但不便绘制。为了简化绘制工作，现在一般普遍使用直线来表示连接管道，用图形符号来表示液压元件（见图 1-22b）。这些，已有参照国际标准（ISO 1219）制定的国家标准（GB/T 786），将在下面介绍各类液压元件时逐步引入。

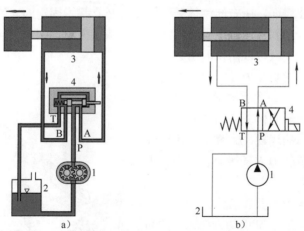

图 1-22　液压系统的表示方法

a）用结构图　b）用标准图形符号

1—液压泵　2—油箱　3—液压缸　4—液压阀

第2章 负载力
CHAPTER 2

因为控制负载运动，是液压技术赖以生存的基本任务，所以，对用好液压技术第一重要的，就是了解控制负载运动时可能会遇到哪些负载力，了解这些负载力的特性——方向、大小、随运动、时间等的变化，掌握这些特性对液压控制带来的影响。

2.1　不同特性的负载力

液压技术中常会遇到的负载力有以下几种。

1. 重力

在地球上，所有物体都受到向下的重力。所以，只要液压缸不是绝对水平方向运动，其工况就必然多少受到重力的直接影响。

（1）大小

尽管在地球表面，所有的物体受到的重力都是基本固定的。然而，要准确计算负载的重力作用到液压缸上的力，却常常不那么简单。例如，起重机等工程机械所受到的重力大致可以简化成图 2-1 所示。

作用于活塞的负载力 F，除了含有重物的重量 mg 外，还含有动臂自身部分的重量，并且取决于力臂 L_m 和 L 的值。

而随着活塞的运动，L_m 和 L 会不断地改变，因此，负载力 F 的大小也会不断地改变。

（2）正负载力与负负载力

作用方向与液压缸运动方向相反的负载力被称为正负载力，与运动方向相同的负载力称为负负载力（见图 2-2）。因此，在向下运动时，重力就成为负负载力。

通常称油液流入的腔为驱动腔，排出油液的腔为背压腔。因此，也可以说，作

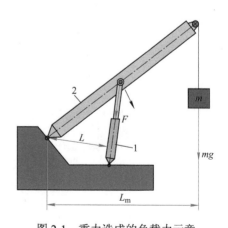

图 2-1　重力造成的负载力示意

1—液压缸　2—动臂

L_m、L—力臂的长度　F—液压缸受到的负载力

用于驱动腔的力是正负载力，作用于背压腔的力是负负载力。

在有正负载力时，要驱动负载，需要"加油"。

而在有负负载力时，不"加油"，负载也会动。只有限制从背压腔排出的流量，才能限制负载的运动速度，也就是，就需要控制"放油"。

所以，其实，整个液压技术，说白了，就是围绕着"加油"与"放油"在转。

（3）方向

虽然重力的方向是固定的，始终向下，但是，在实际应用的很多场合中，重力带来的负载力的方向却可能在一个运动过程中交替变化。例如，图 2-3 中，在活塞杆伸出过程中，在负载的重心越过中点后，负载力 F 就由正变负了。

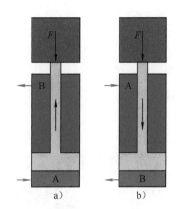

图 2-2　负载力
a）正负载力　b）负负载力
A—驱动腔　B—背压腔

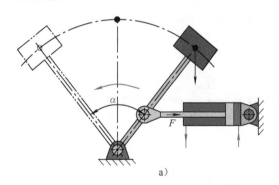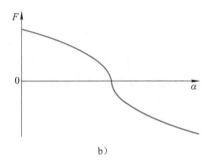

a)　　　　　　　　　　　　　　b)

图 2-3　负载大小方向变化
a）构件示意　b）负载力变化示意

在工程机械的各种实际工况中，由重力带来的作用于液压缸的负载力的变化则更为复杂（见图 2-4）。

2．变形阻力

外力作用于负载，会使负载变形。负载对外力的反作用力——变形阻力，也是一种负载力。

（1）固体

外力使固体变形，大体有以下两个阶段。

1）弹性变形：在这个阶段，如果外力消失，固体会恢复到原来的形状。这个阶段中，固体对外力的反作用力被称为弹性力。

19

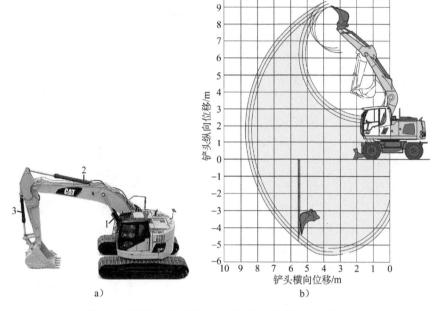

a）

b）

图 2-4　液压缸受到的重力引起的负载随运动而变化

a）挖掘机液压缸示意　b）工况变化示意

1—动臂缸　2—斗杆缸　3—铲斗缸

弹性力的大小取决于固体的形状和材料特性。

普通压簧的弹性力与变形量成正比（见图 2-5）。

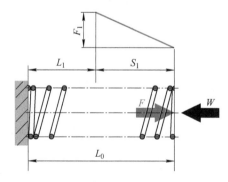

图 2-5　压簧的压缩量与弹性力

L_0—原始长度　W—外力　F—弹性力　L_1—弹簧压缩后长度　S_1—压缩量　F_1—在压缩量 S_1 时的弹性力

看似刚硬的金属梁、花岗岩、玻璃等，也都有弹性，只是需要很大的作用力才会发生很小的变形，也就是说，有很大的弹性力。

在液压缸迫使负载变形时，弹性力是正负载力；在液压缸退回时，弹性力就成了负负载力。

2）**塑性**变形：如果外力超过材料的弹性极限，固体会发生永久性变形：即使外力消失，也不会再恢复到原来的形状。在锻压、折弯时发生的就是如此。

如果继续施加外力，变形增大，到一定程度，物体**破裂分离**。例如，在剪切刀下发生的情况。

而几乎没有塑性变形阶段，直接破裂的材料，如普通玻璃、灰铸铁等，就被称为**脆性**材料。

（2）主动性负载力与被动性负载力

重力，是时时作用着的，你爱，你不爱，它总在，不离不弃（见图 2-6a）。所以，属于**主动性**负载力。对于主动性负载力，液压缸是无法控制的：或是克服，或是退让。在控制负载运动时重力是始终不能忽视的。

而**弹性力**，只有在液压缸触及负载，使之发生变形时（见图 2-6b），才会反作用于液压缸，即所谓"人不犯我，我不犯人"。所以，这种负载力是**被动性**的。

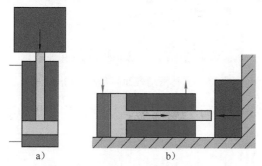

图 2-6　主动性与被动性负载力

a）主动性　b）被动性

只有在负载力是被动性时，才有可能通过控制**运动**来控制负载力。由此，常造成一个印象："压力由**运动**决定"。其实，直接决定液压缸中压力的还是**负载力**。

（3）液体、气体的弹性

气体、液体的**形状**不固定，可以随意改变。但若以为其**体积**也可以随意改变，那就错了。气体、液体也都有弹性。要减小其体积，必须施加压力。

气体体积被压小时，其反作用力——**弹性力**就会增加，大致与体积成反比。体积越小，反作用力——**压力**越大。把一个气球压爆，就是这一过程最直观的表现。

液体被加压以后，体积也会缩小，但少得多。其弹性，介于气体和固体之间（详见 3.2 节）。

3．摩擦力

要推动负载运动，必定需要克服摩擦力。

（1）固体

1）固体间的**干摩擦力**取决于接触表面的粗糙度（见图 2-7）。

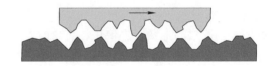

图 2-7　固体表面在显微镜下总是高低不平的

表面越粗糙，摩擦力就越大。因为在相互运动时，高低不平处实际上发生了微切削，宏观地称磨损。

而在相对静止时，接触表面会较深地相互嵌入。这就是为什么会感觉到，起动时的静摩擦力大于动摩擦力。

2）固体滑动表面间如果有一定量的液体时（见图 2-8），摩擦力就会减小，因为固体表面不再相互嵌入。

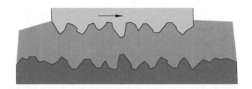

图 2-8　固体滑动表面间有液体润滑示意

摩擦力的大小受润滑状况（液体量的多少）与运动速度的影响很大（见图 2-9）。

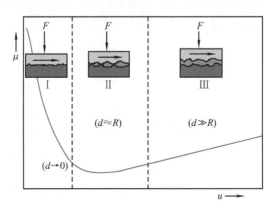

图中　μ——摩擦因数，$= \dfrac{\text{摩擦力}}{\text{正压力}}$；

u——当量速度，$= \dfrac{\text{滑动速度} \times \text{润滑液黏度} \times \text{润滑液密度}}{\text{正压力}}$。

图 2-9　摩擦因数随速度而变化

d—摩擦表面间的距离　R—摩擦表面的粗糙度　F—正压力　Ⅰ—边界摩擦　Ⅱ—混合摩擦　Ⅲ—液体摩擦

（2）液体

液体阻力也属于摩擦力，其大小取决于运动件的形状和速度，以及流动的状态。

（3）气体

负载运动时受到的空气阻力也属于摩擦力，大致与运动速度的平方成正比。

因为摩擦力的作用方向总是与运动方向相反，所以总是正负载力。

因为摩擦力只发生在负载被液压缸驱动时，所以，摩擦力总是被动性的。

因为摩擦力总是阻碍运动的，所以，在希望负载运动时，它是不受欢迎的，常设法减小。例如，采用滚动代替滑动，增加润滑，把干摩擦变为液体摩擦。但当希望负载停止运动时，它又可以成为求之不得的得力助手。例如，汽车使用刹车片人为产生摩擦力。

在希望系统不要振动时，摩擦力可以起特别有益的作用。

4. 惯性力

如在中学物理中已提及，所有物体都有惰性——惯性：静的时候不愿动，动了就不愿静。

惯性力其实并非一个独立的力，仅在液压缸试图改变负载的运动状况时才会感觉到：好像受到一个外来的力。所以它是被动性的。

（1）方向和大小

在液压缸驱动负载加速时，惯性力抵抗加速，作用方向与运动方向相反，是正负载力。而在液压缸强制负载减速时，惯性力抵抗减速，作用方向与运动方向相同，就成了负负载力。

惯性力的大小，如牛顿第二定律 $F=ma$ 所表述，与质量 m、加速度 a 成正比。因此，质量越大，惯性力就越大；速度改变越快，即加（减）速度越大，惯性力就越大。

在挖掘机快速动作时，惯性力造成的瞬间压力冲击，有时甚至会超过 100MPa。

假如速度改变时间为零，则加速度无穷大，惯性力也无穷大。所以，物体的速度改变总是要有一定的时间，不管其质量多么小。

（2）稳态和瞬态

1）稳态：稳态，稳定的状态也。

理想化地说，只有系统中的压力、流量、负载的运动速度稳定不变（静止或匀速运动），才可称，处于稳态。

但这种状态，在实际液压系统中是不存在的。因为，泵输出的流量不是绝对稳定不变的，总是有周期性的脉动（见 6.8 节），这些，加上其他原因，也都会导致压力呈周期性波动，这又会作用于负载。

所以，只能说，如果负载力的平均值随时间没有明显变化，系统中的压力、流量、负载的运动速度的平均值也没有明显变化，系统就算处于稳态。

在稳态时，惯性力在负载力中所占的比重可以忽略不计。

2）瞬态：液压系统是用来控制负载运动的，经常要使负载从不动变为动，从

动变为不动，从慢动变为快动，从快动变为慢动。这种离开了一个稳态，进入到另一个稳态之前的过渡状态，术语称为瞬态。在这个阶段，考虑负载力时，必须把惯性力包括在内。这时，在控制负载运动的液压系统中，压力、流量等也必定在变。

液压元件中所有要动的部件都有质量，在瞬态过程中都会产生影响。这一影响的状况，常通过该元件的动态响应特性来估计。

（3）液体的惯性

不仅固体有惯性，液体也有惯性。

在液流通道的进口闸板迅速关闭时，液体由于惯性，继续往前冲，会使进口处的压力剧降（见图 2-10a）。

而出口闸板迅速关闭，则会使靠近出口处的压力骤升（见图 2-10b）。液体撞击闸板反弹回来，与继续往前冲的液体撞在一起，会造成加倍的压力，这也被称为水锤效应。曾在试验中发生过摧毁液压管，导致液压油大量泄漏，烧毁战机的事故。

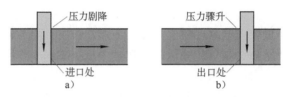

图 2-10　液体惯性带来的后果

a）进口关闭　b）出口关闭

2.2　负载力的综合作用

液压系统工作时会遇到的负载力，常常不是单纯某一种，而是综合性的，以下是一些例子。

（1）切削的阻力

液压缸推负载运动有多种目的，切削是其中很重要的一种。切削的阻力来自于两方面：切削工具与材料间的摩擦力，材料的弹性塑性变形阻力。如被切削材料是泥土之类松散材料（挖掘机、装载机），以前者为主。如是金属等紧密材料（金属加工机床），则以后者为主。

（2）一些机械设备的负载力

图 2-11 展示了一些液压驱动的设备的综合负载力（F）随位移（s）变化的状况[17]。

1）叉车、汽车吊、挤压机、拉拔机等的负载力基本是恒定的（见图 2-11a）。

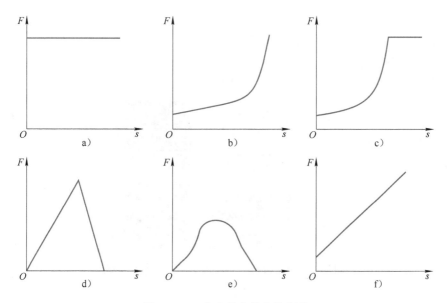

图 2-11　一些负载力的变化状况

a) 恒定　b) 慢升转急升　c) 慢升-急升-恒定　d) 急升-急降　e) 逐渐上升-逐渐下降　f) 平稳增加

2) 粉末冶金压机、模锻机、瓷砖压机、金属屑压机、棉花化纤打包机等的负载力是慢升转急升（见图 2-11b）。

3) 硫化橡胶机、人造板压机、皮革熨平机、热固塑料压机等的负载力先慢升，然后急升，最后恒定保压（见图 2-11c）。

4) 剪切下料机、冲孔机、工件顶出、翻斗车等的负载力是急升-急降（见图 2-11d）。

5) 金属板料拉深机、橡胶模成型压机等的负载力是逐渐上升，然后逐渐下降（见图 2-11e）。

6) 锻造压机中的镦粗、拉拔等工序的负载力是平稳增加的（见图 2-11f）。

以上所介绍的还仅是负载力随位移变化的情况，实际上这些负载力还会随时间变化。

（3）弹性力+惯性力

用弹簧系住一个小球（见图 2-12），就构成一个振动系统。往上拉一下弹簧，小球就会上下运动，其位置、速度、加速度、作用力时时在变，很久平息不下来。

图 2-12　弹性力+惯性力
形成一个振动系统

振动的频率由弹簧的弹力与小球的质量共同决定，与拉动的频率无关，所以也称为固有频率，或自振频率。

如果拉动的频率与固有频率相同，振动幅度就会越来越大，这被称作谐振，

或共振。液压缸驱动负载时，也可能出现类似情况。

荡秋千，则是重力和惯性力组成的振动系统，作用力也是时时在变的。

（4）弹性力+摩擦力

弹性力+摩擦力，也可能形成一个振动系统（见图2-13）。

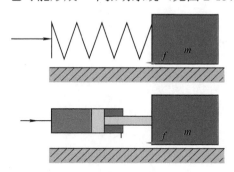

图2-13　弹性力+摩擦力也会形成一个振动系统
f—摩擦力

在液压缸驱动负载时，液压缸中的液压油所具有的弹性，与负载受到的摩擦力相互作用，也会形成一个振动系统，导致负载运动不平稳。

所以，需要从不同角度考察负载力的特性、各种影响负载力的因素。

但，如已述及，真正要计算这些负载力并不容易，可以比较接近的途径是测量（见第11章）。

2.3　对控制负载运动的要求

液压设备在控制负载运动时，要克服的负载力有时可能很大很大。例如，现代大型锻压机需要克服的负载力可能达到几万吨力（约几亿牛）。设想一下，这个力，可是几万辆轿车，或几条万吨巨轮的重量啊！

不仅大，还复杂，还多变，还有意料之外的干扰。尽管如此，还需要满足一定的要求。因为运动，其实是一个很笼统的词，含有多个要素：位移、速度、加速度等。

（1）准确的定位精度

板材轧机，尤其是薄板轧机，不仅需要有很大的力压住轧辊，从而能把板材轧薄，还需要精确控制轧辊的位置，偏差必须小于头发丝的直径，才能得到厚度合格的板材。

液压电梯，不管所载的人、货的重量多少，只要在安全许可范围内，就必须准确地停到指定楼层，误差在一两个毫米之内，不然就会发生进出人员被绊倒的事故。

（2）较高的速度

要驱动负载，都有一定的速度要求，快慢不同而已。速度越快，完成工作的时间就越短，工作效率就越高。

几千几万吨的自由锻压机，很看重速度。因为速度高的，可以趁着工件还是炽热，还容易变形时，完成锻压。

挖掘机也非常看重速度，因为较高的速度才能保证较高的工效，在挖掘硬土时有足够的冲击力。

（3）限定的加速度

对液压电梯、起重机等，不仅要求一定的定位精度，而且，加速度和减速度也都有一定的限制，以减少冲击。汽车起动、制动（刹车）太猛，乘客后仰前冲，就是加减速度没有控制好的缘故。

根据需要，迅速反应，在希望的时间内，从一个运动状态转变到另一个运动状态，保持稳定，振动少，术语称为动态性能好。

如已提及，液压系统所能做的事，就是"加油"或"放油"。在复杂多变的负载力作用下，要通过"加油"和"放油"，满足对位置、速度和加速度的控制要求，此外，还有成本、噪声、环保、使用期限，等等其他限制，是不那么简单的，有时看上去甚至是不可能实现的。然而，这，就是液压技术的使命，液压技术的生命力所在。在这种困难的条件下，就特别能体现出来，谁有真本事，谁就能做得更好。

第3章
CHAPTER 3

液压油及其他压力介质

在液压技术中，用来作为传递压力的液体，统称为压力介质。

早期的压力介质是水。液压的英语 hydraulics，在很多英汉词典中的解释就是水力学。

在 1905 年前后发现，矿物油——石油分馏精炼得到的碳氢化合物，比水黏稠，因此，泄漏少得多，润滑性好得多，工作压力可以大大提高，鲜有腐蚀金属件的问题。此外，由于矿物油的凝固点较水低得多，挥发点较水高得多，可以有更广的工作温度范围，所以，更适宜作为压力介质。因此，在很短时间内就被普遍采用了。当时还特别出现了"油压"一词，以强调区别于"水压"。

在 1905 年工作压力还仅为 4MPa，到了 1940 年，工作压力为 35MPa 的液压泵已系列生产。

采用矿物油开创了现代液压技术。

目前，在液压系统中使用的压力介质，主要还是以矿物油为基体，约占 88%（壳牌 Shell 石油公司 2015 年统计），2016 年全世界消耗约 38 亿 L 液压油，约值 45 亿美元。为叙述简便起见，本书一般情况下使用液压油或压力油泛指所有压力介质。

在现代液压技术中，液压油起着多方面的作用，须满足多种要求与期望，因此，遇到了多种问题，研发出了多种应对措施。

3.1 作为传递动力的媒介

传递动力是液压油最基本的任务。

要传递动力，液压油就必须流动。液压油流动，会导致压力的下降，简称压降，也称压力损失或压差。以下分别介绍影响压力损失的一些因素。

1．黏性

从一个瓶子里往外倒菜油、蜂蜜，会发觉，要比倒水明显来得慢，这是由于菜油、蜂蜜的黏性高于水。

液体的黏性来自液体分子之间的吸引力。

推动一块放在液体上面的板（见图 3-1），会感到有一些阻力。原因在于，由于黏性，最高层的液体会随着上板运动，而最底层的液体会由于下板的不动而保持不动。夹在其中的液体，就相互牵制着，不情愿但又多少得动一些。这就是阻力的来源。液体黏性越高，阻力就越大。

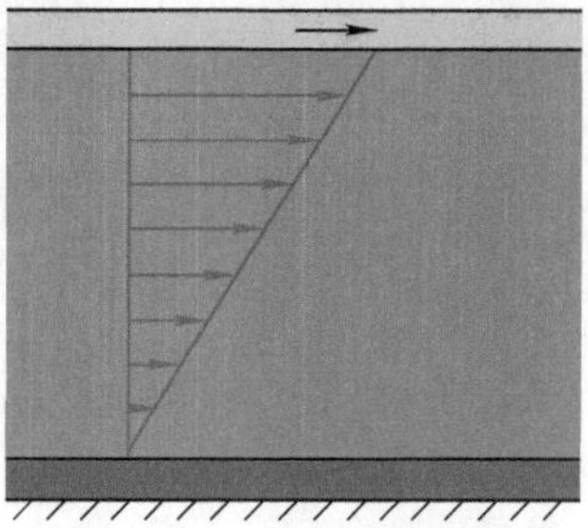

液压技术中常用运动黏度来度量液体的黏性，单位为 mm²/s。

黏度加倍，意味着阻力加倍，压力损失加倍。

水的运动黏度约为 1mm²/s。

常用的液压油的运动黏度在 40℃ 时为 32mm²/s、46mm²/s、64mm²/s。

（1）黏温特性

图 3-1　液体黏性给运动带来阻力

矿物油的黏度会随温度变化：温度越低，黏度越高（见表 3-1）。矿物油的牌号根据其 40℃时的运动黏度而定。

表 3-1　矿物油在不同温度时的黏度　　　　　（单位：mm²/s）

矿物油牌号	−20℃	0℃	40℃	80℃
32 号	2000	300	32	9
46 号	4000	850	46	11

据历史资料，二次大战时，纳粹德国的坦克都装有液压马达，操纵灵活，挺进神速。进攻苏联是在 6 月 22 日开始的，短短两个多月，就已兵临莫斯科城下。没料到冬天提前到来，气温骤降，液压油黏度陡增，以致坦克行动艰难，成为活靶子，最后兵败城下。由此可见，液压油的黏温特性也曾影响过历史进程，不可小觑。

以后的研究发现，添加少量高分子化合物可以改善矿物油的黏温特性。

（2）黏压特性

矿物油的黏度，不仅受温度影响，也随压力增加而增加。

因此，必须根据液压系统的环境温度、实际工作温度、压力、速度范围，选择恰当黏度的液压油。

2．流态

（1）层流和紊流

如果注意观察从自来水龙头中流出的水（见图 3-2），可以发觉，在流量较小

29

时，水柱晶莹透亮，形状相对稳定（见图3-2a）；而流量增大以后，水柱就不再透亮了，似有多泡，形状湍动不安（见图3-2b）。前者被称为层流，后者被称为紊流。

层流之所以看上去透明稳定，是因为液体的流速较低，液体分子团相互之间的吸引力高于它们的惯性力，流动没有漩涡，因此稳定有序。

而当流量增大以后，流速增高，液体分子团的惯性力超过相互间的吸引力，分子团各行其道，相互撞击，无稳定轨迹，就成为紊流。

在管道中，液体的流动也同样有层流与紊流之分（见图3-3）。

图3-2　自由流动的流态
a）层流　b）紊流

图3-3　管道内分子团流动轨迹示意
a）层流　b）紊流

层流时，压力损失较低，大致与平均流速成正比。

紊流时，由于分子团相互撞击严重，压力损失较高，大致与平均流速的平方成正比。

（2）影响流态的因素

影响流态的主要因素：黏度、流速、管径。

黏度越低则分子团相互之间的吸引力越小，流速越高则惯性力越大，而管径越大，则液体流动时可依附的部分相对就少，流动越容易成为紊流。

（3）流态的转变

如果缓慢开大自来水开关，在层流转为紊流后，再缓慢关小开关，仔细观察会发现，必须关到更小的开度，紊流才会回复为层流。这与日常生活经验相符：保持整齐不变为混乱易，而从混乱再恢复为整齐难。

也正是这点，给液压技术带来了最基本的不确定性。在层流和紊流时，压力损失与流量之间还有一个基本固定的关系。但在层流-紊流过渡区，就不能断定，流态是紊流还是层流，也就无法估算出压力损失。

3. 液流通道的形状

根据对压力损失的影响，液流通道可分为以下两种类型。

1）长通道，面积和形状没有突然改变，压力就逐渐下降，术语称沿程损失。这里，造成压力下降的主要原因是液体相互间，以及液体与管道壁的摩擦力。

因为管径越大，与管道壁发生摩擦的液体相对总量越少，所以，压降越小。

2）通流面积或/和形状突然改变，如，小孔、弯头、管道分叉会合处等。在这些地方，由于液流方向改变，造成涡流，分子团相互撞击，重组，内耗严重，导致压力明显下降，术语称局部损失。

3.2　液压油的其他作用与特性

1. 润滑运动部件

液压系统工作时总是会有相对运动的部件，术语称摩擦副。

为了保证润滑，减少摩擦磨损，油的黏度必须保持在一定范围内。因为，黏度过高，不易进入摩擦副之间；黏度过低，在摩擦副之间就停留不住，特别是在摩擦副承受很大压力、相互高速运动时（见图 3-4）。

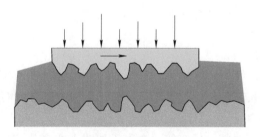

图 3-4　液压油润滑摩擦副

一般较理想的工作黏度范围为 $30\sim50\mathrm{mm^2/s}$，随设备的结构类型不同而变，一般至少应该在 $10\sim800\mathrm{mm^2/s}$ 之间。

2. 保护与液压油接触的表面

一般而言，矿物油不会腐蚀金属，可以保护与之接触的金属表面。但液压油中的水、空气会腐蚀金属。

在有些应用场合，很难完全避免水进入液压油，例如一些船舶液压。加入弥

散添加剂（类似家用洗涤剂）后，在水含量不超过 5%时，都会自动形成细微的油包水的乳化滴，从而不影响润滑膜的形成，也不会腐蚀金属。

在液压油中加入所谓消泡剂，可以提高其空气分离能力。

3. 散热

机械设备工作时不可避免会由于摩擦或液压油泄漏产生热，造成温度上升，对设备中的元件带来不利影响。因此，期望流动的液压油可以把这些热量带走。

从这点出发，希望液压油有好的导热性和高的热容量。可惜，在这方面，普通矿物油的能力只有水的一半。

4. 带走杂质

设备工作时部件难免会发生磨损，有剥落物。液压油的流动有利于带走杂质。

5. 可压缩性

液体也是可压缩的。如果压力增高至 40MPa，矿物油体积会缩小约 3%。

液体中混有的未溶解空气会增高液体的可压缩性。

在正常大气压力条件下，液体中总含有一定量的溶解空气。而液体对空气的溶解能力，会随着压力和温度的下降而下降，已溶解的空气会释出，就会增加液体的可压缩性。

在高压力、大容量情况下用液体去驱动负载，就像用一根弹簧去推动一个物体，不易准确定位。

6. 热胀冷缩

液体也会热胀冷缩。

温度每上升 50℃，矿物油体积会膨胀约 3%。如果被密闭在一个容器里，无法膨胀，就会导致压力增高约 40MPa。这很可能损坏管道及液压件，所以必须采取适当的预防措施。

7. 工作持久性

液压油的价格，好的，每吨 3、4 万元，次的也在 1 万多元以上。所以，一般都希望液压油可以长期使用，终生不换。但不利影响是多方面的。

（1）化学不相容

液压系统中的密封圈、软管等，含有天然或人造高分子材料。如果与液压油不相容，长期工作后就会发生侵蚀膨胀。

一般把密封圈、软管浸泡在热油中 24 小时，之后检测膨胀率。超过一定值，就认为化学不相容。

（2）气蚀

如在 1.2 节已提及，在封闭管道中，通流截面小处，流速高（参见图 1-11）。在液体分子全都一心一意往前冲的时候，相互间，以及撞击管壁的力就会减小，宏观来说，就是压力降低。这也符合能量守恒定律，压力能转化为动能。因此，

在流速增高的地方，液体的压力会
降低，甚至可能形成负压。手动喷
雾器（见图 3-5）、一些抽真空机就
是根据此原理工作的。

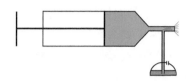

图 3-5　手动喷雾器工作原理

在低压区，除了原先溶解的空
气会分离出来外，甚至，液压油也
会变为蒸气，出现气泡。混有气泡
的液压油快速进入大截面区时，流速变慢，压力又会升高（见图 3-6a）。气泡被快
速压缩爆炸，造成局部冲击力，使相接触的固体表面发生剥蚀，出现海绵状小孔
（见图 3-6b），这种现象被称为"气蚀"。

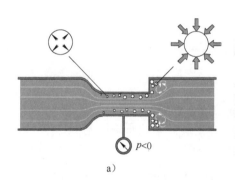

a）

b）

图 3-6　气蚀
a）气蚀原理示意　b）被气蚀破坏的阀块

气蚀会降低液压元件的使用寿命，也会加速油液老化发黑。

气蚀很难完全避免，只有设法减少。如，减少气体混入油中，避免让液流直
接冲击固体表面，等等。

（3）老化

矿物油，长期使用后，不仅黏度会下降，还会分泌出酸性、带负电荷的糊状
沉积物，这种现象称老化。这种沉积物会堵塞液流通道，特别是在液压阀中，小
的节流口处，使元件失效。而且一旦产生，很难清除。因此，是要尽力避免的。

1）造成老化的原因如下：

① 氧化：矿物油是碳氢化合物，氧化后会形成酸酯。

② 水解：酯遇水会分解。

③ 碳氢化合物受高压剪切会裂化。

④ 聚合：碳氢化合物互联，形成大分子团。

2）影响老化过程的因素： 油液的老化程度一般可通过其酸性——中和数来
判断。

① 油液中的气和水会加快老化（见图 3-7）。

② 由灰尘等固体颗粒引起的污染，特别是金属（尤其是非铁金属）的催化作用，都会加速矿物油老化。

③ 高温也会加速老化。一般，在 70℃ 以上，温度每升高 10℃，老化速度便增加一倍。

④ 高压也会加速老化。

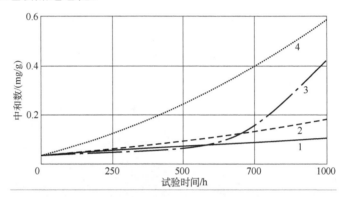

图 3-7　液压油的老化试验[5]

1—不含水、气　2—含 3% 未溶解的气　3—含 2.5% 水　4—含 8% 未溶解的气

（试验工况：25MPa，70℃）

在矿物油中加入某些化学物质——添加剂，可以改善油的物理、化学特性，如改善黏温特性，降低凝点，减小摩擦系数，阻碍泡沫产生并促使其破裂，减缓氧化，减少对金属的锈蚀，等等。据此，液压油被分为：未加添加剂（H）、加有一般抗老化抗腐蚀添加剂（HL）、加有特殊的耐高压抗磨损添加剂（HM）的，等等。

因为加入了多种添加剂，现代液压油的特性与普通矿物油已有很大差别。因此，根据应用场合选择合适的液压油，对于液压系统功能的正常发挥、可靠操作、工作持久性以及经济性，都是非常重要的。

新品种液压油的研发一直没有停顿。例如，力士乐在 2015 年提出了对液压油的新要求 RDE90245。据壳牌公司 2017 年初报告，其公司的 Tellus S2 MX 液压油率先满足了此要求。

3.3　难燃液

矿物油在自身温度超过 150～180℃（术语称闪点）后会产生大量有害健康的油雾。如果遇到明火，还会燃烧。

在 20 世纪 50 年代英国煤矿曾因为使用的矿物基液压油引发火灾，伤亡惨重，遂立法在矿井中禁止使用矿物油作为液压油。在国内，在本世纪也还曾发生过，投产才几个月的轧钢流水线由于泄漏的矿物基液压油燃烧而被完全损毁。因此，在可能接触炽热金属或明火的场合，例如，压铸机械、热锻压机械等，液压系统都应采用难燃液。

难燃液被分为以下几类。

1）HFA——以水为主的乳化液，可燃成分最多为 20%，实际一般在 1%～5%，也被称为高水基液。有点类似牛奶：通常，水包油，看似均匀的液体，但如用离心机一甩，就会分离出奶油来。

价格便宜，主要应用于开采业。

由于其大部分会挥发，因此泄漏到大地后危害也不大。

由于黏度很低，因而很易泄漏。因此，运动部件间的间隙必须很小，液体必须很精细地过滤。

受水的凝点和挥发点的限制，工作温度只能在 5～50℃之间。

由于含水多，会腐蚀金属，也容易滋生微生物。因此，还需要加入防锈防腐剂，对水质要经常监测。

2）HFC——水乙二醇液，含水量为 35%～55%，其黏度可达到与矿物油相近，工作温度在 -20～60℃之间。与大多数常用密封材料都相容，抗腐蚀能力强于 HFA。在采掘机械、冶金设备和压铸机械中应用较多。

由于水容易挥发，在含水量低于 35% 时液体的可燃性会大幅增加，所以必须经常监测含水量。

3）HFD——无水合成液，如磷酸酯、氯化烃，或两者的混合物。

黏度与矿物油相近，耐磨性能好，抗老化能力高，能用于温度变化较大的场合。

与常用密封材料以及喷涂的表面不太相容。有毒，会危害生态环境。所以，现在应用渐少。

难燃液和矿物油在某些方面的性质差别很大。这常意味着，系统的工作参数（转速、压力等）必须降低，液压元件的使用寿命也会缩短。

3.4 环保液

由于矿物油等很难被微生物分解，甚至含有有毒物质，因此，对环境生态有危害。例如，一块土壤中一旦渗有矿物油，至少 3 年寸草不生。这点特别给移动液压设备的密封性带来严酷的挑战。

在 20 世纪 70 年代石油危机时，芬兰等国就开始研究在液压系统中使用植物油代替矿物油。植物油虽然环保，泄漏到地上或水里，会被微生物分解（术语称：可生物快速降解），但也容易被氧化水解。后来找到了一些无毒的添加剂，可以一

定程度地减缓植物油被氧化水解的速度，但又不影响其被微生物分解。然而，两棵树上的苹果都可能口味不同，不同植物中提取出来的油，特性也常有差别，这不利于工业液压系统的稳定性。

合成酯的化学结构与植物油相近，同样可生物快速降解，但抗氧化性能强得多。而且因为是人工合成的，容易做到高纯度一致性。在农业机械、森林机械中已越来越多地被应用。但目前价格还较贵，约为矿物基液压油的两倍。研发探索还在进行中。

3.5 清水

这里的清水，指的是，作为压力介质，不含有增加黏度材料的水，包括自来水、河水、海水。

清水，说起来有一系列优点：不可燃，无爆炸危险、卫生、环保、散热性能好，价廉易得，后处理几乎不需要什么费用。但由于易挥发，工作温度受限制，对多种金属有腐蚀性，特别是黏度低，润滑性差，泄漏大，所以，其实并不是一种好的压力介质。

20 世纪 90 年代，由于发明了恰当的陶瓷加工工艺，制造出来的陶瓷零件对润滑要求较低。因此，清水液压又重获青睐。但至今，工作压力还只能在 16MPa以下。因此，只是用于一些有特殊要求的行业和场所，如食品、饮料、化妆品、粮食加工、制药、医疗、造纸、文化娱乐、体育、办公室、家用机器人等，与矿物油并不形成竞争局面。

目前常说的"水液压"包括了高水基液体，即含有增加黏度的材料。虽然与清水液压有些共同处，但也有很多不同处：易得性、卫生性、可应用场合、对液压元件的要求等等。所以，不应混淆两个概念。

此外，海水淡化、从油页岩中获取石油、水切割、内高压成型、汽车用薄板的清洁去皮等等，都必须使用高压水，且用量很大。虽然这些应用已不属于液压传动，但从液压传动发展出来的技术与这些应用，也正相辅相成，互相推动。

第4章 液压缸

CHAPTER 4

　　液压缸（见图4-1），也称油缸，依靠液压力实现直线运动，驱动负载，是结构最简单，应用最普遍的液压执行器，使用数量占液压执行器的95%以上。全球市场每年约100亿美元。

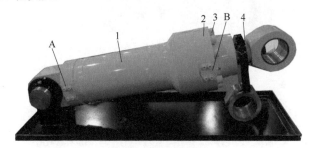

图4-1　一个液压缸

1—缸体　2—端盖　3—端盖连接螺栓　4—活塞杆　A—油口　B—油口

　　如果在建筑工地上的机械中，或在废物集运车上看到一根亮铮铮的，会伸出缩进的金属杆，那几乎百分之百就是液压缸了。

　　对液压缸的需求是多方面的。能否制造较大的液压缸（见图4-2），也是衡量一个国家工业实力的标杆之一。

图4-2　一支较大的液压缸（行程23.5m，德国洪格尔公司2016年造）

4.1 典型结构和功能

1. 典型结构

液压缸一般主要由缸体、活塞活塞杆、端盖三大部分组装而成，大致如图 4-3 所示。端盖 6 通过螺纹与缸体 1 连接。

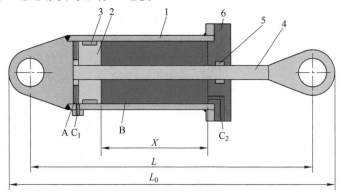

图 4-3 一个液压缸的典型结构

1—缸体 2—活塞 3—活塞密封组件 4—活塞杆 5—活塞杆密封组件 6—端盖
A—无杆腔 B—有杆腔 C—油口 L_0—最小长度 L—最小中心距 X—行程

液压缸在活塞杆完全缩回时的最小长度 L_0，决定了需要的安装空间。

活塞能移动的最大距离 X 称为行程。

为了可以顺畅移动，活塞的直径要比缸体内径小一丁点。

有杆腔和无杆腔内的油液越过活塞，称为内泄漏。如果有内泄漏的话，虽然从外面看不出来，但会降低活塞的移动速度，并使油液无谓地发热。所以，要使用活塞密封圈阻止内泄漏。

活塞密封组件由活塞密封圈 1 和活塞导向环 2 组成，装在活塞上（见图 4-4），随活塞移动。

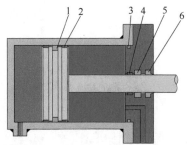

图 4-4 液压缸中的密封与导向件

1—活塞密封圈 2—活塞导向环 3—端盖密封圈 4—活塞杆导向环 5—活塞杆密封圈 6—防尘圈

　　活塞导向环 2 是弹性的开口环（见图 4-5），其摩擦系数很低，能靠弹性贴住缸体内壁，保持活塞与缸体间的间隙均匀，使活塞密封圈 1 能正常发挥作用。

　　端盖密封圈 3 用于防止液压油通过端盖与缸体之间的外泄漏。

　　活塞杆密封组件安装在端盖里，由活塞杆密封圈 5、活塞杆导向环 4 和防尘圈 6 组成。

图 4-5　活塞导向环

　　活塞杆密封圈 5 用于防止有杆腔的液压油外泄漏。

　　防尘圈 6 用以在活塞杆缩回时阻止落在活塞杆上的污染物进入液压油。

　　2．工作参数

　　（1）驱动压力

　　1）推出：如果把压力油通过油口 A 压入无杆腔（见图 4-6），就能克服负载力 F，推动活塞和活塞杆向外运动。

　　根据作用在活塞上的力平衡原理，可以写出

$$p_A A_A = F + p_B A_B$$

所以，推出时需要的驱动压力

$$p_A = F/A_A + p_B A_B/A_A$$

　　即，驱动压力 p_A 可以看作由两部

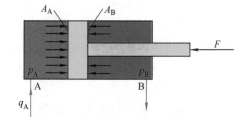

图 4-6　活塞杆的推出

分组成：一部分，F/A_A，由负载力 F 引起，常称为负载压力；另一部分，$p_B A_B/A_A$，由背压 p_B 引起。背压 p_B 由出口管路状况决定。一般直接或间接通油箱，较小，有时可以忽略不计。

　　从上面的计算式中可以看到，在推出时，主要是活塞面积 A_A 决定了负载压力 p_A，一般称为有效作用面积。

　　2）拉回：如果把压力油通过油口 B 压入有杆腔（见图 4-7），就能克服负载力 F，把活塞和活塞杆拉回液压缸。

　　根据此时作用在活塞上的力平衡原理，可以写出

$$p_B A_B = F + p_A A_A$$

所以，这时需要的驱动压力

$$p_B = F/A_B + p_A A_A/A_B$$

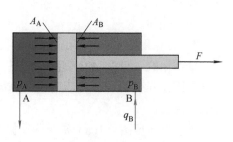

图 4-7　活塞杆的拉回

即，驱动压力 p_B 由两部分组成：一部分，负载压力 F/A_B，由负载力 F 引起；另一部分，p_AA_A/A_B，由背压 p_A 引起。

这时，有效作用面积是环形面积 A_B。

（2）运动速度

进出无杆腔的流量 q_A 或有杆腔的流量 q_B 决定活塞的运动速度

$$v = q_A/A_A$$
$$= q_B/A_B$$

有效作用面积 A_A 和 A_B 都是液压缸的关键参数，对液压缸的工况影响很大。在相同的负载力时，有效作用面积越小，要达到希望的运动速度所需的流量越小，但需要的驱动压力也越高。

对液压缸而言，在稳态运动时，有两个很重要的，互相独立的因果关系：负载决定压力，流量决定速度。负载、流量是因，压力、速度是果：没有负载就没有压力，没有流量就没有速度。

4.2 类型和特点

根据作用状况和结构，液压缸可以分为双作用缸和单作用缸，分别有单活塞杆和双活塞杆两种类型。

1. 双作用缸

所谓双作用缸，指的是，活塞可以靠两侧的压力油，双向克服负载力推出和拉回。

（1）单活塞杆缸

单活塞杆缸只有一侧有活塞杆伸出。因为两腔的有效作用面积不同，常称为差动缸，前节所述即是。应用极广，占到所有实际应用的液压执行器的85%以上。

（2）双活塞杆缸

双活塞杆缸，指的是，活塞两侧都有活塞杆伸出（见图4-8）。一般两杆直径相同，因此，活塞两侧的有效作用面积相同。

2. 单作用缸

单作用缸（见图 4-9）用在负载

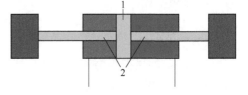

图 4-8　双活塞杆液压缸
1—活塞　2—活塞杆

力方向固定不变的场合，活塞仅一侧需通压力油，另一侧可以通油箱或大气，回程靠负载力。

柱塞缸（见图4-10a）是单作用缸中的一种。活塞杆，也称为柱塞，与缸内壁一样粗细。无活塞。只能主动伸出。缩回靠外力。

柱塞也可以是一根一端封闭的厚壁管（见图 4-10b），以减少重量。

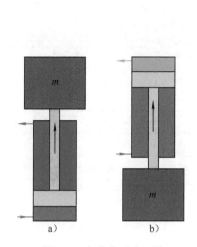

图 4-9 负载靠重力下降
a）另一侧通油箱 b）另一侧通大气

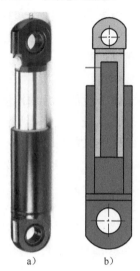

图 4-10 柱塞缸
a）外形 b）结构示意

3. 多级缸

以上所介绍的是单级缸，只有一级缸筒，因此，其行程总是小于安装空间。如果需要的行程较大，而允许的安装空间较小，就需要采用多级缸。其总行程可以是安装空间的好几倍（见图 4-11）。2008 年北京奥运会开幕式、闭幕式中多处使用了多级缸，如蓝色星球、火炬塔等，创造了"突兀而起"的效果。

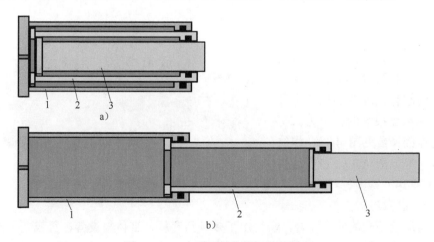

图 4-11 一个两级单作用缸结构示意
a）完全缩回时 b）完全伸出时
1—缸筒 2—二级缸筒 3—活塞杆

图 4-11 所示结构的多级缸，工作时，总是直径粗的一级先伸出，带动活塞杆伸出（见图 4-12），然后是稍细的一级，最后才是活塞杆单独伸出。

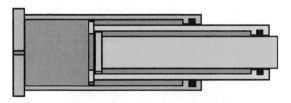

图 4-12　直径粗的一级先伸出

由于每一级的有效作用面积不同，因此，从一级变到另一级时，驱动压力会发生突跳性变化；即使输入的流量是固定的，运动速度也会发生突变。

有的多级缸（见图 4-13），采取了一些措施，使得伸出时，腔 A 的油流入腔 B，使得各级同步伸出。因此，有效作用面积在全

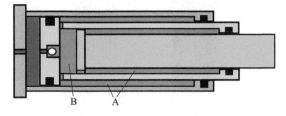

图 4-13　一个各级同步伸出缩回的单作用多级缸

行程保持相同，不发生突变，运动就比较平稳。液压电梯、升降工作台就需要使用这类多级缸。

4. 旋转缸

旋转缸可以通过齿条齿轮，或斜齿，把活塞的平动转化为输出轴的转动，用于负载仅需要转动有限转角度的场合。详见参考文献[2]第 2.1.1 节。

4.3　一些关键技术问题

1. 端盖与缸筒的连接

因为端盖也会受到液压油的压力（参见图 4-3），因此，端盖与缸体的连接必须能十分可靠地承受很大的作用力。有螺栓连接（参见图 4-1）、螺纹连接（参见图 4-3）、拉杆连接（见图 4-14）等多种。

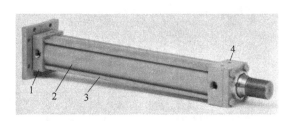

图 4-14　端盖通过拉杆与底座连接
1—底座　2—缸体　3—拉杆　4—端盖

2. 固定连接方式

为适应不同的应用场合，研发出了多种活塞杆、缸体与设备、负载之间的固定连接方式（见图 4-15 和图 4-16）。关键是：连接牢固，同时保证活塞杆不受侧向力。

液压缸还可以通过滑轮、杠杆和连杆机构与负载的连接（见图 4-17）。

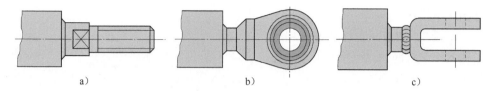

图 4-15　活塞杆与负载的连接方式

a）螺纹　b）单耳环　c）双耳环

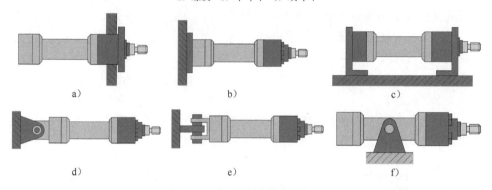

图 4-16　缸体的不同固定方式

a）前法兰　b）后法兰　c）双支架　d）后单耳环　e）后双耳环　f）中间耳轴

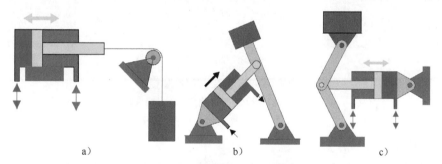

图 4-17　与负载的多种连接方式

a）通过滑轮　b）通过杠杆　c）通过连杆

当然，还可以把活塞杆与固定基座相连，把缸体与负载相连，让缸体运动，驱动负载。所以，以下就以液压缸的运动泛指活塞或缸体的运动。

这些多样化的固定、连接方式，增加了液压缸的通用性。

3．起动突跳

在希望推动负载时，通常开启一个阀，给液压缸输入一定流量。在负载从不动到动的过程中，液压缸中压力的变化有 3 个阶段（见图 4-18）。

阶段 1：液压缸和负载由于惯性还没有动，输入的流量就会积聚起来，导致压力升高。

阶段 2：在压力超过了负载压力后，液压缸和负载的运动速度才会从零开始

开始逐渐增加。

阶段 3：在液压缸运动速度超过了输入流量对应的速度后，压力才会停止上升，开始下降。

输入液压缸的流量越大，负载惯量越大，压力突跳就越严重。这个压力突跳就导致了液压缸的起动突跳。

只有让流量缓慢增加，才能避免起动突跳，例如，采用换向节流阀（5.6 节）。

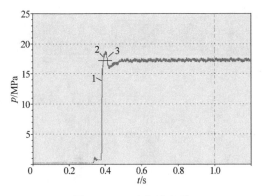

图 4-18　压力起动突跳

4. 终端缓冲

在液压缸运动到行程终端时，活塞可能会撞击缸体或端盖，特别是在运动速度较高时。为此，常采用终端缓冲装置（见图 4-19）。

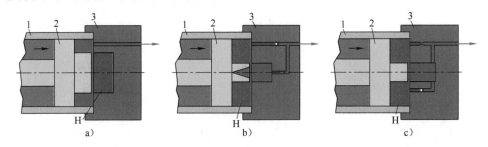

图 4-19　一些终端缓冲装置

a）环形缝隙型　b）三角槽型　c）节流口型

1—缸体　2—活塞　3—端盖　H—缓冲腔

其作用过程一般大致如下。

1） 在活塞到达缓冲装置后，缓冲腔中的液压油必须通过很狭窄的通道才能排出，因此压力很高，给液压缸的运动造成很大的阻力。

2） 这个阻力导致液压缸两腔压力发生变化。

3） 导致进入离开液压缸的流量减少。

4） 流量减少导致液压缸运动速度降低，减缓冲击。

所以，缓冲效果不是仅由缓冲装置的尺寸决定的，也与相关回路、元件的设定值密切相关。

5. 活塞杆表层防护

活塞杆表层的防护对液压缸的运行持久性极为重要。

（1）需求

1） 抗腐蚀：活塞杆因为曝露在外，时刻受到工作环境中腐蚀介质的侵蚀，特别是工作在露天、船舶、海洋工程和水下作业时。

2）耐磨：一方面，活塞杆在作往复运动时，与活塞杆密封圈及防尘圈不断发生摩擦。另一方面，由于活塞杆曝露在外时，污染颗粒很容易掉落到活塞杆上，在活塞杆缩回时，被防尘圈阻挡，滞留在防尘圈上，也如同磨粒。

3）耐冲击：活塞杆在工作中可能会受到外来物件的撞击。表面一旦有凹陷突起，就很容易损伤密封圈。

所以，需要防护层硬而不脆。

（2）应对措施

1）镀硬铬是目前最普遍使用的措施，因为铬耐磨，而且不易被腐蚀。

但电镀层是一点一点堆积上去的，其间不可避免会有细小缝隙。日积月累，腐蚀性介质会通过这些缝隙进入底层引起基体锈蚀。所以按标准用盐雾试验的话，一般仅能耐 90～120h。处理得好，镀双层可达 300h。

一种改善途径是基体采用不锈钢，但材料成本与加工费用都会显著增高。

此外，虽然金属铬本身是无毒的，但电镀过程中要用到铬的化合物。其中，六价铬毒性最强，三价铬略好些。这不仅威胁操作人员的健康，而且可能污染周边环境。因此，现在，对电镀厂的环保评审越来越严。

2）渗碳氮 QPQ 在活塞杆精加工完成后渗碳氮、抛光、氧化发黑。此工艺早在 20 世纪 80 年代就已发明，但至今仍然很少被接受。

3）镍铬热喷涂-铬表层是用高速火焰喷涂熔融的镍铬，200μm 厚，作为底层，然后再电镀铬表层。由于底层是热熔堆积的，紧密性很好，因此，耐盐雾试验能达 800h。

4）陶瓷涂层：在高速火焰喷涂镍铬底层的基础上再喷涂陶瓷粉末。抗腐蚀耐磨能力极高。缺点：不耐冲击，成本高，不易修理。

5）含钴钨合金粉末，利用高温火焰，或激光，堆焊到活塞杆上。

6. 活塞杆失稳折弯

拿一根细长的筷子，两端加压。压力大到一定程度时，筷子会突然折弯折断。活塞杆也会出现类似现象，术语称为失稳（见图 4-20）。失稳折弯常出现于，活塞杆较细，伸出液压缸较多，承受推力较大时。

图 4-20　活塞杆失稳折弯
a）示意　b）实例

为避免失稳，做了大量试验，总结出了一些规律，供设计时参考。一般应对

样品进行超载试验，并在液压回路中采取防止出现超载的措施。

7. 疲劳失效

活塞杆在承受很大拉力时，可能被拉断，特别是在焊接部位（见图 4-21）。有些断裂发生在重复加载几万次以后，即所谓疲劳失效。

因为液压缸与负载相连，所以，一旦液压缸出现这样的故障，常会导致负载运动不可控，造成极大损毁的安全事故。所以，必须认真对待。在设计时要根据理论校核，并对样品进行耐压和疲劳试验。

图 4-21　活塞杆焊接处发生断裂

8. 缸筒炸裂

双作用缸，特别是多级缸，由于结构的限制，无杆腔的有效作用面积会比有杆腔的大很多，有时甚至达几十倍。这样，如果在给无杆腔加压时，有杆腔出口恰好被封住了，则有杆腔内的压力就可能增高相应倍数（见图 4-22）。这时，就有可能导致缸筒炸裂（见图 4-23）。为此，要有限制有杆腔压力的措施。

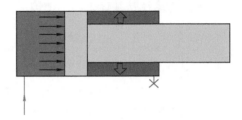

图 4-22　有杆腔的压力可能数倍于无杆腔

缸筒　　　　　裂口

图 4-23　一个多级缸的缸筒炸裂了

9. 活塞位置检测

在无人操作的场合，为了精准地控制活塞运动，需要知道活塞的实际位置。为此不断有新的研发成果推出。

1）把一个活动磁环固定在活塞上，利用插入活塞杆中的波导管的磁致伸缩特性，探测出活动磁环，也即活塞的位置（见图 4-24）。分辨率可达 0.1mm。

2）在活塞杆上制作出宽窄不同的光学条纹（见图 4-25）。利用安装在端盖上的两个光学传感器同时检测条纹，从而计算出活塞的位置，分辨率 0.1mm。

3）反射型（见图 4-26）的发射器根据控制器的指令发出脉冲信号，活塞反射信号，接收器把接收到的信号输入控制器，控制器根据信号发出与接收到的时间差，计算出活塞位置。分辨率可达 0.1mm，典型重复精度 0.25mm。

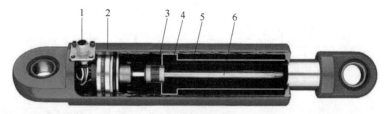

图 4-24　活塞位置传感器（MTS）

1—信号接头　2—缸体　3—活动磁环　4—活塞　5—活塞杆　6—波导管及保护套

图 4-25　活塞位置光学条纹检测（派克，2015 年）

1—条纹　2—光学传感器

图 4-26　活塞位置检测（利勃海尔，2017 年）

1—信号发射器　2—信号接收器　3—活塞

　　综上所述，考察液压缸的性能指标，最基本的是行程，其次是耐压。第三是摩擦力。因为，摩擦力过大，不仅能效低，甚至会导致爬行，无法准确控制，难以到达需要的位置。第四是工作持久性。当然，不同的应用对此的要求可能差别极大。而活塞位置的检测，对人工操作位置精度要求不高的设备，如挖掘机、装载机等，不是一定需要的。

　　可以实现旋转运动的马达也属于液压执行器，因其结构与泵相似，故放在第 6 章介绍。

第5章 液压阀
CHAPTER 5

液压阀，在液压系统中，被用来限制压力、流量和改变液流的方向。

液压阀一般由阀体、至少一个阀芯，以及控制操作部分组成，大多还带有弹簧。

阀体上至少有两个液流的通口，形成至少一条液流通道。

阀芯本身并不能直接感知流量和液流的方向。

阀芯只是一个机械部件，工作时受到多种力（液压力、弹簧力、机械或手柄推动力、电磁力等）的作用，服从力平衡原则：在且只在这些力的作用下移动。如果受到的所有力相平衡，就停住不动。

阀芯和阀体共同形成的液流通道——通流面积或/和形状，就和系统中其他元件的状态一起决定液流的压力、流量和方向，从而影响系统某部分的压力、执行器的运动和停止。

所以，液压阀，从本质上来说，就是通流面积或/和形状可以调节改变的装置。

如已述及，在通流面积或/和形状改变的地方，压力会明显下降，术语称局部压力损失。

局部压力损失（两侧压差）受通流面积和通过的流量影响，大致如图 5-1 所示：通流面积越小，流量越大，则压差越大。

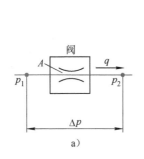

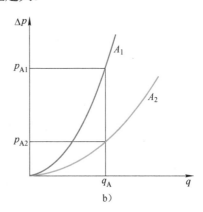

图 5-1 通过液流通道的流量、通流面积和两侧压差

a）液流示意 b）流量-压差关系

A—通流面积，$A_1 < A_2$ q—流量 Δp—压差，$\Delta p = p_1 - p_2$

在这里，流量与压差互为因果。所以，也可以说，压差越大，则流量越大。

所以，所有的阀都有其流量-压差（压力）特性，其特性可以反映，在通过一定流量时，进出口之间的压差。

阀芯也是有质量的，因此，从一个位置移动到另一个需要的位置，总需要一些时间，虽说也许很短。在这段时间中，其他一些因素也在变，这些就决定了液压阀的动态响应特性。

5.1 液压阀的分类与命名

液压技术发展至今，已经研发出的液压阀成千上万。为便于学习掌握，可以从不同的角度来分类。

1. 从功能

欧美通行分为以下四大类：

1）压力阀，可限制压力；

2）流量阀，可控制通过流量；

3）换向阀，可改换液流方向；

4）单向阀和梭阀，仅允许液流某个方向通过。

日本、国内习惯称三大类阀，把换向阀与单向阀合拼称为方向阀。

现在已经出现了很多液压阀，同时具有多种功能。因此，不能完全拘泥于这些分类。

2. 从阀芯工作位置数

阀芯的移动，总有两个极限位置，一般都是通过机械结构来限定的。

1）开关阀在正常工作时，阀芯基本都停留在极限位置，或利用弹簧力平衡在某一个中间位置。所以，只有 2 个或 3 个工作位置。

阀芯往往可以在很短时间内（大约 0.005～0.5s），从一个工作位置移到另一个工作位置，使通流面积发生明显变化，开通或关闭。

2）连续阀在正常工作时，阀芯一般都应该可以停留在任意中间位置。否则，这个阀，甚至整个系统就会不稳定。

所以，连续阀工作时，通流面积必须是渐变的。

换向阀、单向阀一般为开关阀，压力阀、流量阀多为连续阀。

3. 从阀芯形状

1）滑阀：阀芯基本为圆柱形，通过轴向运动改变开口处的通流面积（见图 5-2）。

连续阀常为滑阀，而且阀芯上带槽（见图 5-2b），因为这样可以比较精细地改变通流面积。

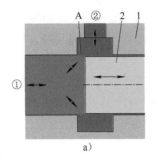
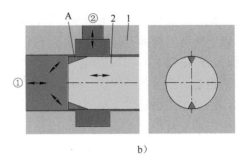

图 5-2　滑阀

a）全圆周开口　b）阀芯带槽

1—阀体　2—圆柱阀芯　A—开口

①、②—液流进出口

　　滑阀的阀芯与阀体间总有间隙，理论上总有泄漏。但如果加工很精细，配合间隙很小，可以做到实际泄漏很少。

　　然而，圆柱滑阀阀芯与阀孔间的间隙是不可补偿的，随着运动磨损只会越来越大。表面越粗糙，磨损越快。所以，滑阀的表面粗糙度对工作持久性的影响很大。此外，表面越光滑，摩擦力越小，对阀芯运动的阻碍越小。所以，滑阀阀芯与阀孔的表面越光洁越好。

　　2）座阀：阀芯有多种形式，如球形、锥形、球面形、圆柱锥形、平板形等（见图 5-3）。

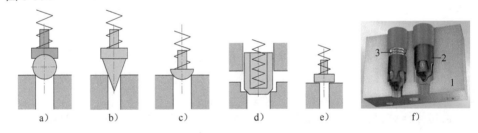

图 5-3　各类座阀

a）球阀　b）锥阀　c）球面座阀　d）圆柱锥阀　e）平板阀　f）一个锥阀三维图（力士乐）

1—阀体　2—阀芯　3—弹簧

　　座阀理论上可以做到完全密封，但实际上多少会有些泄漏。

　　座阀阀芯与阀孔间的间隙一般是可补偿的，不会越来越大。

　　3）转阀：阀芯基本为圆柱形，或球形，通过旋转改变开口的通流面积。家用的水阀、燃气阀都是这种类型。但在液压技术中，转阀使用较滑阀、座阀少。

　　4．从操纵控制阀芯的方式

　　液压阀的操纵控制方式有两种：内控与外控。

　　内控型的阀芯是由阀内部的压力控制的。

外控型的阀芯是由外部机构操纵控制的，如

1）手动阀：通过手柄、手轮、脚踏板等操纵。

2）机动阀：由机械中某运动部件带动。

3）液控阀：利用液体压力控制。

4）气动阀：由压缩空气推动。

5）电动阀：利用电磁铁、力矩马达、步进电机、伺服电机等控制推动。

5．从设定值是否可调

为了适应实际使用需要，很多阀都有一个设定值。多数可以由顾客自己调整。但为了安全，或简化顾客工作量，生产厂也会根据顾客要求在出厂前调定，之后很难或不可能再调整。

6．从大小规格

一般以通口的名义尺寸来标识，有通径 6、8、10、16、25，直至 250 等，可以根据需要的工作流量大小来选择。

7．根据用途

实际上非常常见的是，各行业根据阀在某种机械设备上的用途来称呼阀，如控制上升的称为上升阀、控制回转运动的称为回转阀。这一来，完全相同的阀，用在不同行业的不同设备上，可能会有不同的名称。

因此，决不能被那些阀的名称，特别是中文名称所迷惑。不仅要看阀的名称，还要根据它的图形符号来了解它的功能。

还要注意的是：分类只是为了梳理现状，以便于学习，只能作为学习的起点，决非学习的终点。决不能僵化死守分类而阻碍了创新。

任何分类都是不完善的。因为，在现实中总存在，或者会出现，介于两类之间的品种。而这非马非驴往往由于吸取了两类的优点或摒弃了两类的弱点而特别有生命力。

5.2　单向阀与梭阀

1．普通单向阀

单向阀可用于阻止液压油的反向流动（见图 5-4）：液流不能从口①流向②，但如果口②压力高于口①的压力加弹簧 2 的压力（一般为 0.01 至 2MPa，可选），即可推开阀芯 3，流向口①。

2．液控单向阀

为了使通流方向可控，研发出了液控单向阀（见图 5-5）：在控制口③没有压力时，阀芯 1 被弹簧压在阀座上，液流不能从①流到②；而在控制口③的压力足够高时，会通过控制活塞 2，克服弹簧力，推开阀芯 1，开启通道，液流可以从①

流到②。

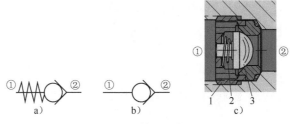

图 5-4　普通单向阀

a）详细图形符号　b）简化图形符号　c）结构剖面

1—阀体　2—弹簧　3—阀芯

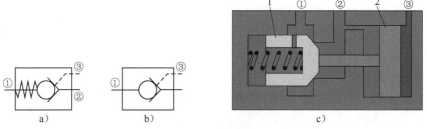

图 5-5　液控单向阀

a）详细图形符号　b）简化图形符号　c）结构示意

1—阀芯　2—控制活塞

3. 梭阀

在梭阀（见图 5-6）的口①和口②中，压力高的口和口③连通。

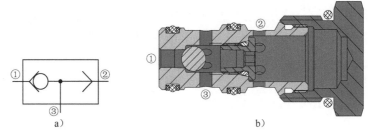

图 5-6　梭阀

a）图形符号　b）结构示意

以上各类阀都属于开关阀：阀芯只有两个工作位置。

这类阀还有一些变型，详见参考文献[1]第 8 章。

5.3　压力阀

为了限制压力，研发出了以下几种阀。

1．溢流阀

（1）功能

限制进口压力。

（2）工作原理

从进口①到口②的通道平时关闭（见图 5-7）。

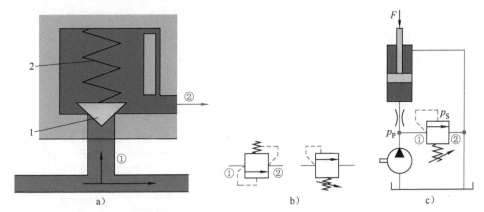

图 5-7 溢流阀

a）原理示意 b）图形符号 c）在系统中

1—阀芯 2—弹簧

如果进口①的压力超过了弹簧 2 的预紧压力与弹簧腔压力之和，就会推开阀芯 1，让压力油从口②流出。

口①也称压力口；口②也称回油口，一般通油箱，没有压力。

因为弹簧腔一般都通口②，没有压力。因此，阀的开启压力就是弹簧的预紧压力，也称设定压力。

注意：溢流阀的功能只是限制阀进口处的压力不超过设定值而已。如果阀进口处的压力由于某种原因低于阀的设定压力，阀只会保持关闭，而不可能增高压力。所以，很多教科书中笼统地说"溢流阀可以维持压力恒定"，是不精准的。

（3）应用

溢流阀主要有两类应用。

1）作为安全阀：其作用有点像配电箱中的保险丝———一旦电流过大，就熔断，以保护线路。

在这种应用中，阀平时是关闭的。

如果由于某种原因（如负载太高，或液压缸的活塞移动到终点，泵压出的液压油无处可走）压力过高，阀就会开启，让部分液压油流走，以保护系统中的元件及管道；也可避免原动机，如电动机、柴油机或汽油机，由于负载过大而停车。因此，是几乎每个液压系统中都要用的。

2）作为恒压阀：如图 5-7c 所示的回路中，如果泵排出的流量一直多于去液压缸的流量，一部分流量持续从溢流阀流走。只有在这样的前提条件下，溢流阀才可能维持泵出口压力 p_P 大致恒定。

（4）稳态特性

1）流量-压力特性：通过溢流阀的流量越多，通道开启就会越大，进口压力 p 超过溢流阀的设定压力 p_S 一般也就越多。所以，理论上，溢流阀的流量-压力特性如图 5-8a 所示。但由于溢流阀开启后高速液流对阀芯的冲击作用，在不同的设定压力时的流量-压力特性会有所不同（见图 5-8b）。

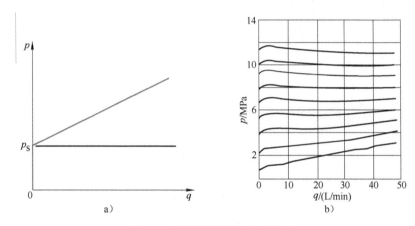

图 5-8 溢流阀的流量-压力特性
a）理论曲线　b）不同设定压力时的特性曲线

2）关闭压力与滞回：溢流阀的阀芯与阀体之间不可避免有摩擦，加上其他因素，导致阀芯在工作中有粘滞现象（见图 5-9）：关着不愿开，开着不愿关。

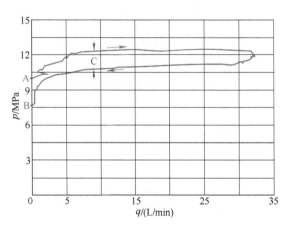

图 5-9 某个溢流阀实测的流量-压力特性（伊顿）
A—开启压力　B—关闭压力　C—滞回

后果 1：在通道已开启后，再逐渐降低流量，至流量基本消失时的压力，也就是关闭压力，总是小于开启压力。通常约为开启压力的 75%～90%。

后果 2：在流量增加时，开口不愿增大，压力就高。而在流量减少时，开口不愿关小，压力就低。所以，流量增加和流量减少时的压力-流量特性不重合，术语称有滞回。

一般情况下希望关闭压力高些，滞回小些。因为，这些导致了溢流阀对压力控制的不确定性：不能确定，阀开启后，在某一个压力时，到底会有多少流量通过；反过来，也难以准确确定，在某一个通过流量时，进口压力到底是多少。

（5）瞬态特性

理想化的是，溢流阀在进口压力达到设定压力时，立刻开启，如图 5-10a 所示。但实际上（见图 5-10b），液压系统中的压力上升总是有一个过程，溢流阀的开启也需要一定的时间，至少有以下两个阶段。

阶段 1：在进口压力达到设定压力之前，溢流阀保持关闭。因此，这段时间的长短，只取决于系统的容积与输入流量，与溢流阀的特性没有一点关系。好几本所谓大学液压教材居然连这点都没有搞清楚[7]，汗颜！

阶段 2：进口压力达到设定压力后，开始克服弹簧力，推动溢流阀的阀芯。但由于阀芯也有一定的质量，需要一段时间才能运动到需要的开启位置。因此，在这段时间内，压力会继续升高，造成瞬间压力尖峰（见图 5-10c），术语称超调。

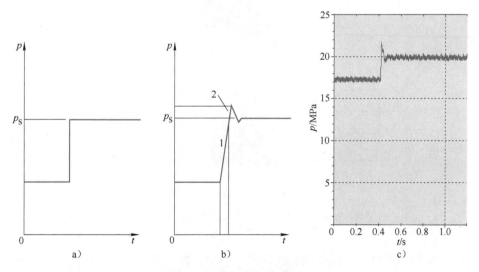

图 5-10 溢流阀的瞬态特性

a）理想特性 b）实际特性 c）一个实测特性

1—压力上升阀未开启阶段 2—阀开启阶段

超调对负载运行的平稳性，系统元件的持久性都会带来不利的影响。但一般

溢流阀开启时又都会有超调，只有个别特殊结构的才能避免，详见参考文献[18]。

（6）持久性

在液压系统工作时，溢流阀常需要反复开启-闭合，阀芯就会反复压缩弹簧，撞击阀座。在阀开口处，液压油在高压下高速冲出。压力 10MPa 的话，液流速度可达 60m/s。滴水尚且穿石，更何况这高速液流中还可能含有污染颗粒呢。如果阀芯阀座硬些，就比较经得起侵蚀，但阀芯阀座密封性可能变差，所以，阀芯阀座的硬度需要综合考虑。

我国的行业标准（JB/T 10374—2013 液压溢流阀）规定，新设计制造的溢流阀要进行至少 25 万～80 万次的持久性试验。世界先进水平已可达 1 千万～2 千万次。

溢流阀是一个非常重要的阀种。针对不同应用需求，研发出了很多变型，详见参考文献[1]第 2 章。

2．减压阀

减压阀可以限制出口压力（见图 5-11）：在出口②的压力低于弹簧的预紧压力（设定压力）时，通道①→②保持开启；如果出口②的压力超过设定压力，就会推动阀芯往下，克服弹簧力，关小乃至完全关闭通道，减少流量，直至为零。

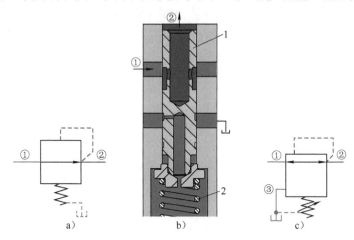

图 5-11　减压阀

a）普通减压阀图形符号　b）工作原理示意　c）减压溢流阀图形符号

1—阀芯　2—弹簧

在某些应用场合，即使通道①→②已关闭，但口②的压力还可能因为其他原因而继续升高，为此研发出了减压溢流阀（见图 5-11c）：在口②压力继续升高时，会开启通道②→③溢流。

注意：减压阀，在出口压力低于设定压力时，阀只会保持完全开启而已，不可能再减压。所以，减压阀的名称并不完全名副其实。

与溢流阀类似，减压阀的实际工作特性也是非理想化的。

1） 所能限制的出口压力也不可能是恒定不变的，而是随通过流量而变。

2） 在流量增大与减小时，压力的变化也会有滞回。

3） 开启关闭需要一定的时间，因此达到希望限制的压力，也需要一定的响应时间。

详见参考文献[1]第 4 章。

溢流阀和减压阀都属于连续阀。

5.4 流量阀

使用流量阀的目的是为了控制流量。但，能否实际控制流量，还取决于系统中其他元件的状况。

1. 节流阀

节流阀的阀芯位置，从而开口面积，对液流的阻力，可从外部调节（见图 5-12）。日常生活中用的自来水开关就是一个节流阀。

液压技术中使用节流阀的目的，主要是为了调节流量。但是，其实，能调节的仅是节流阀的开口面积，而实际通过阀的流量则还取决于开口两侧的压差 $p_1 - p_2$。

在开口面积不变的前提下，压差 $p_1 - p_2$ 越大，则通过的流量越大，理论上没有限制。

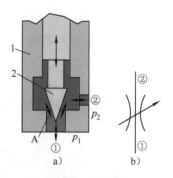

图 5-12 节流阀

a）结构示意 b）图形符号

1—阀体 2—阀芯 A—开口

如果系统中使用了溢流阀，如图 5-13 所示，可以让泵排出的部分流量通过溢流阀旁路掉，保持节流阀进口压力 p_1 大致恒定。但通过流量还会受负载压力 p_2 影响。所以，调节节流阀的开口不一定就能改变流量，更不能保证流量恒定，详见 9.2 节。

2. 压差平衡元件

也被称为定压差阀，或压力补偿阀。

大致结构如图 5-14a 所示。阀芯是圆柱体，两端面积相等，分别受到两个控制压力 p_1、p_2 和压簧 1 的作用。

如果控制压力之差 $p_1 - p_2$ 等于弹簧压力，阀芯停住不动。

如果控制压力之差，太大或太小，不能与弹簧

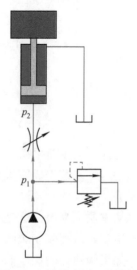

图 5-13 用节流阀调节流量

压力平衡，则阀芯移向某一端。

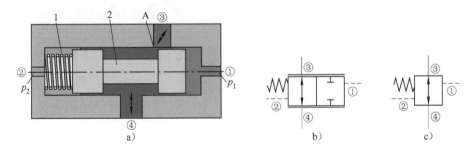

图 5-14　压差平衡元件

a）结构示意　b）详细图形符号　c）简化图形符号

1—压簧　2—圆柱阀芯　A—开口　①、②—控制压力口　③、④液流进出口

一般都与其他阀结合在一起使用。

3．二通流量控制阀

又称调速阀。

大致结构如图 5-15 所示，由一个压差平衡元件 1 与一个节流口 2 串联而成。节流口 2 两侧分别联通压差平衡元件 1 的两个控制压力口。

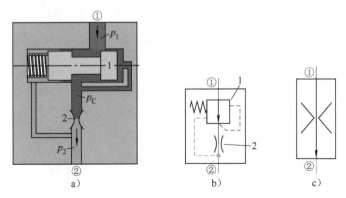

图 5-15　二通流量阀

a）结构示意　b）详细图形符号　c）简化图形符号

1—压差平衡元件　2—节流口

这样，当压差平衡元件 1 的阀芯处于压差平衡位置时，节流口 2 两侧的压差 $\Delta p = p_C - p_2$ 就等于弹簧压力，通过流量就基本恒定，不受阀两侧压力 p_1、p_2 变化的影响。

从本质上来说，这是利用压差平衡元件消耗掉多余的压力，来限制节流口两侧的压差，从而限制通过节流口的流量。

如果阀两侧的压差低于弹簧压力，压差平衡阀芯移到开口最大位置后，二通流量阀就如同两个串联的节流阀，通过流量随压差减小而减小，不再能保持恒定了。

4. 三通流量控制阀

也称溢流调速阀。

与二通流量阀有些相似，也是由一个压差平衡元件与一个节流口组成（见图 5-16），只是两者**并联**。节流口 1 两侧也是分别连通压差平衡元件 2 的控制压力口。这样，当压差平衡元件 2 的阀芯处于力平衡位置时，节流口 1 两侧的压差，就等于弹簧压力，从而可以保持从①→②的流量大致恒定。

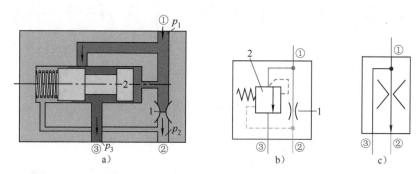

图 5-16　三通流量阀

a）结构示意　b）详细图形符号　c）简化图形符号

1—节流口　2—压差平衡元件

①—进口　②—出口　③—旁路口

从本质上来说，这是利用压差平衡元件旁路掉多余的**流量**，来限制节流口两侧的 Δp，从而限制通过节流口的流量 q。

这类阀还有其他许多变型，详见参考文献[1]第 6 章。

5.5　换向阀

1. 功能

换向阀可用于改变液流方向。

阀芯一般有两个或三个工作**位置**，阀体上一般有两到六个通口。一般据此命名：几位几通。

图 5-17 所示为一个三位四通换向阀，阀芯在不同工位时液压油可流通的情况。

在阀芯移到左位时（见图 5-17a）：液压油可以从 P 口流向 B 口，从 A 口流向 T 口。

阀芯在中位（见图 5-17b），由于阀芯的凸肩把各口都封住了，各口互不相通。

阀芯移到右位时（见图 5-17c）：液压油可以从 P 口流向 A 口，从 B 口流向 T 口。

这样，就可用于控制液压缸的往返运动（见图 5-18）。

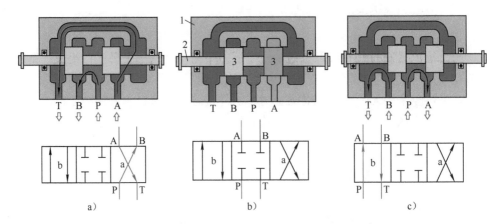

图 5-17 一个三位四通换向阀的不同工位的情况

a）阀芯移到左位 b）阀芯在中位 c）阀芯移到右位

A、B—工作口 P—通压力口 T—通油箱口 1—阀体 2—阀芯 3—凸肩

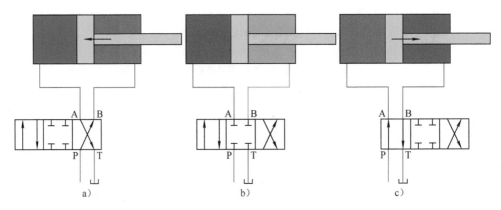

图 5-18 用一个三位四通换向阀控制一个液压缸的往返运动

a）活塞杆缩回 b）停住不动 c）活塞杆伸出

2. 中位机能

改变阀芯凸肩的宽度和位置，可以使阀芯在中位时具有不同通断状况（见图 5-19），术语称中位机能。

换向阀的通断状况还有许多变型（见图 5-20），详见参考文献[1]第 9 章。

3. 控制方式

前述的压力阀、流量阀等一般是内控阀，即阀芯的运动由阀内部的压力控制。与之不同，换向阀一般都是外控阀，即阀芯的运动由外部控制。常见的控制方式可见图 5-21。

其中用得最多的是由电磁铁控制的，常称电磁换向阀、电动换向阀、电磁开关阀，简称电磁阀。

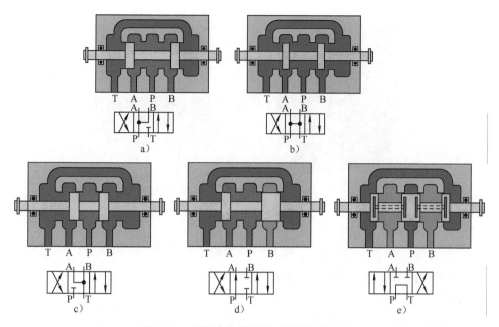

图 5-19　不同中位机能的三位四通换向阀

a）P 型　b）H 型　c）Y 型　d）C 型　e）M 型

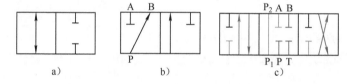

图 5-20　不同通断状况的换向阀

a）二位二通　b）二位三通　c）三位六通

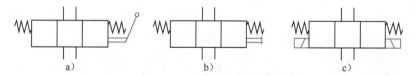

图 5-21　换向阀的控制方式

a）手动　b）机动　c）电磁铁控制

4．电磁铁

电磁铁一般由电磁线圈与衔铁套筒组件构成。

（1）电磁线圈

电磁线圈（见图 5-22）通电后，会在周围产生磁场。导磁铁套可使磁场更集中。

（2）衔铁套筒组件

衔铁套筒组件由套筒和衔铁组成（见图 5-23）。

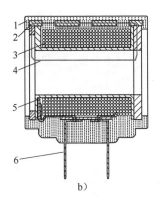

a)   b)

图 5-22　电磁线圈

a）实物　b）结构示意

1—塑封　2—导磁铁套　3—线匝　4—磁力线　5—线圈架　6—引电脚

隔磁环由不导磁材料制成，把套筒隔成两部分。电磁线圈产生的磁力线被隔磁环阻隔，只能从气隙通过，从而推动衔铁吸合。衔铁推动推杆，推杆就可推动换向阀的阀芯，实现换向功能。

套筒和衔铁都是由纯铁制成的，所以，只要线圈断电，磁场消失，就会失去磁性。在外部弹簧的作用下，就会回复原位。

液压用的电磁铁，限于线圈体积

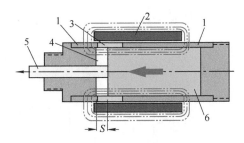

图 5-23　衔铁套筒组件

1—套筒　2—电磁线圈　3—隔磁环
4—气隙　5—推杆　6—衔铁
S—气隙宽度

和电流强度，最大电磁力在 100N 上下，最大可推动通径 10 的电磁阀，流量一般不超过 120L/min。超过的话，就不能可靠切换。

5．电液换向阀

为了控制更大的流量，研发出了电液换向阀（见图 5-24）。把电磁阀用作先导级，所控制的压力油引到主级阀芯的两端，利用液压力来推动比较大的主级阀芯。

6．用二通阀代替三位四通阀

一个液压缸一般有两个通口。普通三位四通换向阀，是用一根阀芯同时控制这两个通口与 P、T 间的通断（参见图 5-18），阀芯就必须较长。如果需要通过的流量很大很大的话，阀芯还必须做得很粗很粗，甚至需要两级先导阀才能推动。这样的大阀，制造安装都不容易。为此，在 20 世纪 70 年代提出了，利用 4 个二通阀，分别控制 P、T、A、B 间的通断，这样，也可以控制一个液压缸的换向（见图 5-25）。

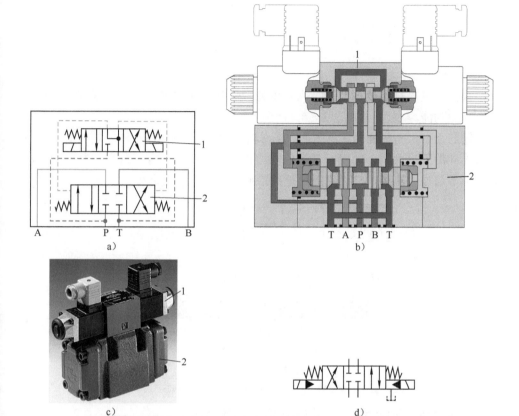

图 5-24　电液换向阀

a) 详细图形符号　b) 结构示意　c) 外形　d) 图形符号

1—先导级　2—主级

而二通阀做成盖板式插装阀的形式（详见 5.9 节），结构简单得多，做得大些也不难，安装也容易。所以，现在，大流量的液压系统都已普遍采用盖板式二通插装阀。

换向阀是开关阀，有以下不足之处。

1）所控制的液流通道或者全闭，或者全开。因此，需要另配流量控制阀才能调节通过流量。

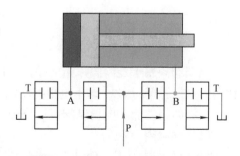

图 5-25　用 4 个二通阀控制一个液压缸

2）阀芯从一个工作位置运动到另一个工作位置，一般只有 0.05~0.2s。在这么短的时间内，从全闭到全开，流量从零开始突然增加，作用于驱动液压缸和负载，如在 4.4 节中已提及，很容易引起起动冲击。

5.6　换向节流阀

1. 功能

换向节流阀是连续调节阀：阀芯可处于任意中间位置，因此，既有换向功能又有节流功能。

阀芯上有一些轴向槽（见图5-26），这样，在阀芯轴向移动的不同位置时，可以有不同的开口面积，因而对液流的阻力也是不同的。配合回路中的其他元件，就可调节通过的流量，从而克服前述的换向阀的两个不足之处。

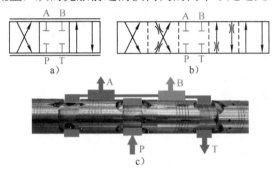

图 5-26　换向节流阀

a）ISO 标准图形符号　b）详细图形符号　c）阀芯示例

工程机械中普遍使用的多路阀的主要部分就是换向节流阀。

2. 控制方式

换向节流阀也有多种控制方式，除了手动、机动外，还有电调制。

这类阀有许多变型，详见参考文献[2]第4.4.2节。

5.7　电调制阀

电调制阀属于连续阀，指的是，可以根据连续变化的输入电信号提供大致成比例的输出的阀。所以，这不是根据功能，而是根据控制方式和输出结果来命名的。

根据结构性能，电调制阀可以分成以下几类。

（1）伺服阀

"伺服"的本义是"随动"——跟随着输入信号动。因为实际应用中经常会有多种干扰因素，使输出结果偏离输入信号。所以，只有配备了输出结果检测手段，术语称反馈，根据反馈与输入信号之差再作调整，才能较好地跟随输入信号。

喷嘴挡板式的伺服阀，出现较早（1940年），是一种典型的带反馈的电调制换向节流阀（见图 5-27）。其响应快，线性度好，可以实现高质量的控制。但由于其结构复杂，制造成本高，对使用油液的清洁度要求也高，所以，应用一直局限于航空、冶金等少数能承受高价格的行业。

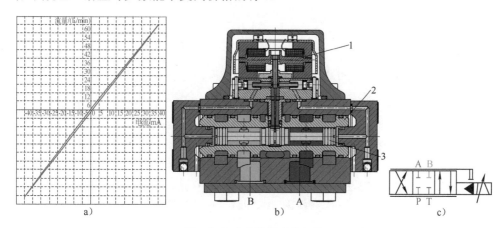

图 5-27 喷嘴挡板式伺服阀

a）控制电流-流量特性 b）结构示意 c）图形符号

1—力矩马达 2—阀套 3—主阀芯

（2）电比例阀

电比例阀是 20 世纪 70 年代出现的，使用了在开关电磁铁基础上改进得到的比例电磁铁。虽然线性度（见图 5-28）与动态响应均不如传统伺服阀，但制造成本和对使用环境的要求均较低，因此获得了广泛的应用。

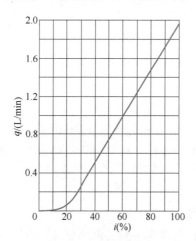

图 5-28 一个电比例节流阀的控制电流-流量特性

制造难点在于电磁铁的位移-电磁力特性。

拿两块磁铁，相隔较远时几乎感觉不到吸引力，但靠近后，就会感到一股几乎不可抗拒的吸引力。这是由于，磁力，随着磁铁的移动，相互间的距离（气隙

的宽度）的缩小，成反比增加，如图 5-29 所示。因此，很难让衔铁停在任意中间位置。

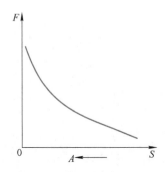

图 5-29 普通开关电磁铁闭合过程中磁力的变化

F—磁力　S—衔铁的位移（气隙宽度）　A—闭合时衔铁运动方向

而比例电磁铁，通过特殊的套筒构造，实现了特殊的磁路，可以使磁力一定程度地不随衔铁位移变化（见图 5-30a），而与控制电流成比例（见图 5-30b）。因此，结合弹簧，磁力与弹簧力平衡的话，衔铁就可以停在任意中间位置（见图 5-30c）。

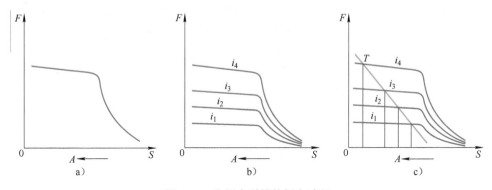

图 5-30 比例电磁铁的闭合过程

a）磁力一定程度不随位移变化　b）磁力随控制电流变化　c）磁力与弹簧力平衡

A—闭合时衔铁移动方向　S—衔铁的位移　F—磁力　T—弹簧力

控制电流 $i_1 < i_2 < i_3 < i_4$

（3）带反馈电比例阀

如果电比例阀附加了位移传感器反馈阀芯实际位置（见图 5-31），相应调整，可以明显地改善控制精度和瞬态响应特性。也被称为电比例伺服阀、比例伺服阀、工业伺服阀等。

电调制阀也可用于限制压力、调节流量，例如，电比例溢流阀、电比例流量阀，等等。详见参考文献[1]第 10 章。

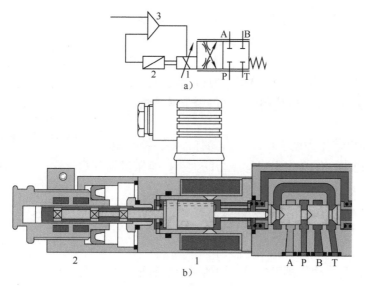

图 5-31　带反馈电比例阀

a）图形符号　b）结构剖面

1—比例电磁铁　2—位移传感器　3—控制器

价廉物美的电调制阀，对实现液压系统自动化起着极其关键的作用。所以，其应用会越来越广。

5.8　平衡阀

如在 2.1 节中就已述及，在很多应用场合，会出现负载力方向与运动方向相同，即有负负载力的工况（参见图 2-2）。这时的速度控制有多种方式（见图 5-32），用平衡阀是目前最常见的。因为平衡阀是一种组合阀（见图 5-33），同时具有以下多项功能。

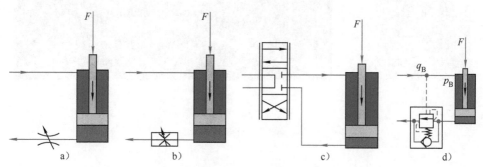

图 5-32　有负负载力时的速度控制回路

a）用节流阀　b）用二通流量阀　c）用换向节流阀　d）用平衡阀

1）在口②压力高于口①时，液压油可以通过单向阀从口②流向口①，压力损失很小。这可用在负载上升时。

2）即使口②压力低于口①，但口③没有控制压力时，通道①→②会保持关闭。这可用于保持负载不下降。

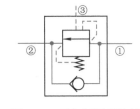

图 5-33　平衡阀图形符号

3）在口②压力低于口①，口③有一定的控制压力时，通道①→②会根据口③压力的大小，有限度地开启。这可用于使负载速度可控地下降。详见参考文献[4]。

5.9　阀的连接安装形式

功能相同的液压阀可制成不同的连接安装形式。这有一个发展过程。

1. 管式

这是最早出现的连接安装形式。管式阀具有完整的外壳（见图 5-34a），接上管道就可以工作。但当液压系统复杂时，就嫌占地体积过大，组装更换都不方便（见图 5-34b）。

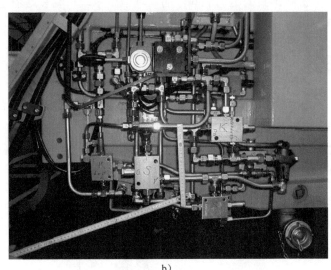

a)　　　　　　　　　　　　　　　　　b)

图 5-34　管式

a）单个阀　b）组装成系统

2. 片式

片式阀，成片状，一片可控制一组液压缸。多片叠在一起，使用共用的压力、回油通口（见图 5-35），可分别控制多个液压缸，结构就较管式紧凑。常被称多路阀，在工程机械中被广泛采用（见图 5-36）。

a）　　　　　　　　　　　　　　b）

图 5-35　片式阀

a）组装示意　b）组装后

图 5-36　多路阀用于多功能施工机械

但更换阀时，需要拆卸管道，不太方便。另外，片与片间，有潜在的泄漏危险。

3．板式

板式阀的阀体与连接管道的连接块分开，依靠固定螺栓连接在一起（见图 5-37）。这样，更换阀时，只要松开固定螺栓，不需要拆卸管道。

更重要的是，采用板式，可以把多个阀安装在同一个油路块上（见图 5-38），节省很多管道与连接接头。

板式阀有统一的、被普遍应用的国际标准，因此，通用互换性很强，制造销售利润相应地也被压缩到最低程度。

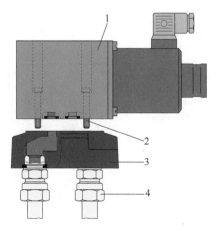

图 5-37　板式
1—板式阀　2—固定螺栓　3—连接块　4—连接管道

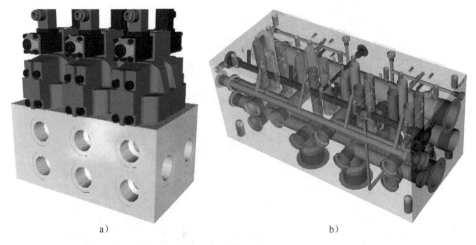

a)　　　　　　　　　　　　　　　b)

图 5-38　用于板式阀的油路块
a) 组装示意　b) 油路块示意

从板式还发展出了叠加式（见图 5-39）：每片负责一项功能，每叠控制一组液压缸。配置灵活，更改方便，不占用油路块表面积。但潜在的泄漏点较多。

4. 插装式

在 20 世纪 50 年代出现了插装式：阀的液压功能部分不带外壳。形象地说，是没穿外套的阀。

由于不带外壳，因此，必须插入阀块内，才能工作。但，也因此，便于把多个阀安排在同一个块体内（见图 5-40），即"合穿一件外套"。此时，习惯称集成块，因为块体内部不再是单纯油路了。

由于可以安排得很紧凑，大大缩短连接通道的长度，可以降低压力损失，从而节能。

图 5-39 叠加式阀（力士乐）

图 5-40 插装阀集成块
1—集成块体 2—插装阀
3—插装阀的功能部分 4—管接头

由于可以多个阀安排在一起，结构紧凑，集成化，便于整体交货，大大简化了主机厂的设计安装调试工作。因此，非常受主机厂欢迎，成为当前销售额增长最快的液压产品，详见 14.1 节。

插装式有两大类。

1）螺纹插装阀（见图 5-41）靠螺纹固定在集成块里，可以独立完成需要的控制功能。

被紧固螺纹直径所限，通径一般在 20 以下，主要工作于中小流量（不同种类的阀其最大流量不同，有的不超过 400L/min，有的不超过 800L/min）。

由于技术及发展历史的原因，螺纹插装阀现在虽有国际标准，但未被普遍应用。而被普遍接受且应用的几种类型却没有正式的统一的标准，因此，互换性很差，种类极多。

2）盖板式插装阀靠盖板压在集成块中（见图 5-42），不能独立工作，还

a)   b)

图 5-41 螺纹插装阀
a）派克公司 b）升旭公司
1—螺纹

需要另外附加阀来控制 X 腔的压力，从而控制阀芯的运动，通道的启闭（详见参考文献[1]第 12.2 节）。形象地说，是一种"没有头"的阀。因此，在小流量时无优越性。

但因为结构简单，因此可以做得很大，基本没有上限（见图 5-43）。所以，现

在，所有大流量的液压系统，都采用盖板式插装阀（见图5-44）。

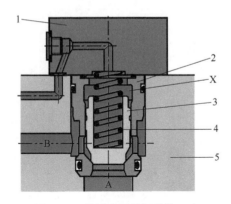

图5-42　盖板式插装阀结构示意

1—盖板　2—插装阀体　3—插装阀芯　4—弹簧　5—集成块　A、B—通口　X—控制腔

a）

b）

图5-43　盖板式插装阀系列

a）通径16到125的插装阀（泰丰）　b）一个通径250的插装阀（德国Hydroment公司，2004年）

图5-44　一个用于4000t压机的盖板式插装阀集成块（泰丰）

表 5-1 是一个在国内固定液压设备，特别是锻压设备占有很大市场份额的泰丰公司 2017 年阀的销售量。从中可以明显地看出，盖板式插装阀的应用主要是在通径 16、25 以上。

表 5-1 泰丰公司 2017 年阀的销售量 （单位：件）

通径	6	10	16	25	32	40	50	63	80	100	125
电磁（液）换向阀	260000	50000	1700	1000	—	—	—	—	—	—	—
盖板式插装阀	—	—	60000	90000	45000	15000	8000	4500	500	150	50

插装阀经过几十年的研发，现在已经被广泛接受，稳定地占领了市场，进入了成熟期、成果收获期。

总的来说，液压阀的连接安装形式，今后发展的格局很可能是这样的。

——纯管式元件的应用会越来越少；

——板式流量阀和压力阀的应用会越来越少；

——大流量：采用盖板式插装阀，控制回路：板式阀，叠加阀或螺纹插装阀；

——小流量：以螺纹插装阀为主；

——大批量专用组件：专用阀块（螺纹插装阀）；

——小批量（单件）系统：叠加阀（螺纹插装阀）；

——批产量居中：专用集成块（板式换向阀+螺纹插装阀）；

——行走液压：随着电控的推广，铸造技术的提高，带换向节流阀、螺纹插装阀的集成块（见图 5-45）将越来越多地挤占传统片式阀的市场。

图 5-45 含多个换向节流阀的集成块

第6章
CHAPTER 6
液压泵与马达

液压泵，简称泵，指的是，能为液压系统提供压力油的装置。

打气筒可以算是最简单的泵，只是液压泵排出的不是气体，而是液体。液压泵通常都是由原动机带动的，而非人力驱动。

6.1 衡量液压泵的基本参数

普通用于家庭供水、农田灌溉的离心泵是依靠惯性力工作的，能排出液体的压力一般仅几兆帕，不适用于液压技术。液压技术用的泵主要靠密闭腔容积的变化来吸入和挤压出液体（见图 6-1），才能承受高压，所以，属于容积式泵，本书中简称液压泵，或泵。

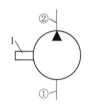

图 6-1　液压泵的图形符号

1—驱动轴　①—进口　②—出口

（1）工作压力

工作时，泵出口的实际压力 p_P 是由负载力决定的（见图 6-2）：没有负载力 F 就没有压力；负载力越大，压力越高。

图 6-2 所示是简略的。实际上，泵和液压缸之间一般都常有阀和连接管道，有压力损失，所以，泵出口的压力必定要高于液压缸中负载造成的压力。

泵出口一般是整个液压系统中压力最高的地方，因此，泵的耐压能力往往限定了整个系统的最高工作压力。

液压系统工作时，如在第 2 章分析过的，实际压力会不断变化，不是一个恒定值。所以泵需要承受的压力应该区分（见图 6-3）：持续工作压力 p_1，也称额定压力；能短时间（t_2，几秒）承受的最高工作压力 p_2；瞬时峰值压力 p_3（几十毫秒）。

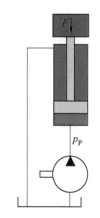

图 6-2　负载决定压力

（2）排量

除手动泵以外，所有的泵都做旋转运动。通常把泵主轴每转一圈所能排出的液体量称为（每转）排量，用 V 表示，单位取 cm^3/r 或 mL/r。

多数结构的泵的排量是固定的，只有单叶片泵（6.3 节）和柱塞泵（6.4 节）的排量可变。

（3）转矩

转动泵需要的转矩 T 取决于泵的排量和出口的压力：排量越大，压力越高，需要的转矩越大，另外还需要克服摩擦力。

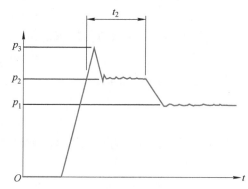

图 6-3　泵需要承受的压力

（4）转速与流量

转速用 n 表示，单位取 r/min（转/分）。

泵在出口没有压力时能排出的理论流量（空载流量）

$$q_0 = nV$$

因此，改变泵的转速，也可以改变泵的流量。泵转速越高，流量就越大。换句话说，用较小的泵也可得到需要的流量。然而，泵的许用转速，受多种因素约束：

——转动部分的动态不平衡、离心力；

——转动部分与固定部分的相对速度、润滑状况；

——进口的压力、液流速度，等等。

因此，转速越高，往往噪声越大，磨损越严重，寿命越短。

所以，一般有额定转速与最高转速的限定。现代泵的额定转速为 $1000\sim4000r/min$。

现代泵能达到的流量，一般为 $1\sim1000L/min$。

（5）容积效率

泵多少总有内泄漏，因此，实际流量 q 总是低于理论流量 q_0。为此使用容积效率

$$\eta_V = q/q_0$$

由于泄漏量随压力增高而增大，因此，出口压力越高，实际流量越低。所以，容积效率其实并非是恒定的（见图 6-4）。一般所说的容积效率是指在额定压力时的值。

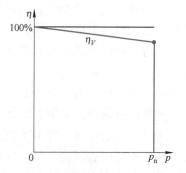

图 6-4　容积效率随出口压力增高而降低

p_n—额定压力

容积效率总是越高越好，现代的泵，新品的容积效率一般在 90%～95%，使用磨损后会下降。低到一定程度，操作者会感到机器使不上劲：负载一高，速度明显下降，甚至就停住不动了，这时就只好换泵了。

（6）驱动功率

驱动泵需要的机械功率 P_i 是转速×转矩。

$$P_i = nT$$

而泵排出的压力油具有的液压功率 P_o 是压力×流量。

$$P_o = pq$$

两者之比，就是泵的总效率。

$$\eta = P_o/P_i$$
$$= pq/nT$$

如果泵进口处的压力不可忽略，则此处的压力 p 应是进、出口压力之差。

（7）泵进口处的压力

泵"吸入"液压油，就像人吸入空气一样，靠的是吸入腔（肺）的容积变大，压力降低，低于进口处（鼻孔）的压力。所以，其实还是靠压力差压进来的。人到高原，外界空气压力低，人会感到吸不上气。泵也是一样，进口处压力越低，液压油就越不容易进入到泵里。

泵工作时，进口处的压力 p_0，等于油箱液面至泵进口的高度差 h 引起的压力减去液体流动（包括通过接头、弯管、吸油过滤器等）引起的压力损失（见图 6-5a）。

为了便于安装维修，泵常安装在油箱液面以上（见图 6-5b），那时高度差引起的压力已经是负值，再减去液体流动引起的压力损失，就更低了。

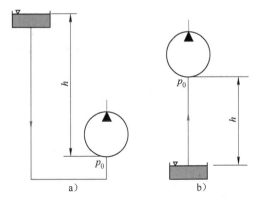

图 6-5　油箱液面高度引起的压力差
a）油箱液面高　b）油箱液面低

泵进口处压力低，容易导致气蚀，伴随噪声，以至于缩短泵的工作寿命。所以，一般而言，泵进口处的压力，应为 –30～20kPa，高一些较好。其实际值，取决于泵的结构，应参照制造厂家规定的数据。

所以，泵的位置、吸油管的阻力、油液的黏度以及泵的转速，必须综合考虑。油箱应该尽可能安装得高一些，尤其是在使用含水的液压介质时。

有时，还在主泵前设置一个辅助（抽油）泵（见图 6-6），

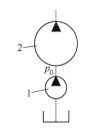

图 6-6　使用辅助泵供油
1—辅助泵　2—主泵

使主泵进口压力 p_0 达到 0.5～1MPa，可有效地延长主泵的工作持久性。

液压泵有多种类型，目前常见的，从结构角度，大致可以分成以下几大类：齿轮泵、叶片泵、柱塞泵。

6.2 齿轮泵

齿轮泵又可以分为：外齿轮泵、内齿轮泵、螺杆泵。

1. 外齿轮泵

由外壳、主动齿轮、从动齿轮、端盖等组成（见图6-7）。

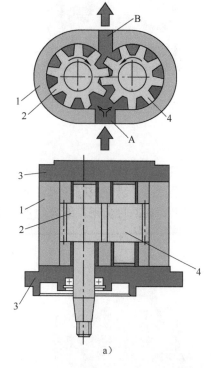

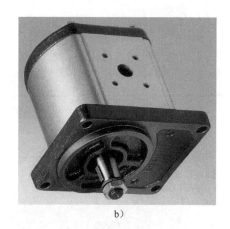

a) b)

图 6-7 外齿轮泵

a）工作原理 b）外形

1—外壳 2—主动齿轮 3—端盖 4—从动齿轮 A—吸入区 B—排出区

在主动齿轮带动从动齿轮一起旋转的过程中，在吸入区，轮齿相互分离，其间容积增大，压力降低，使液压油可以进入。经过旋转，液压油被输送到排出区。在排出区，轮齿相互嵌入，硬把液压油挤出去。

其技术难点在耐压。额定压力目前一般仅达 24MPa，好的才可达 28MPa。

齿轮泵部件少，结构比其他类型泵简单，制造成本相对较低，在普及型轿车中被普遍用来驱动驾驶助力系统。

传统齿轮泵因为采用渐开线齿型，直齿，排出流量不均匀，所以，噪声较高。2013 年出现的新型齿轮泵采用了圆弧斜齿（见图 6-8）。齿与齿相互间的接触应力小，滑动系数小，噪声低，寿命长，只是加工精度要求较高。

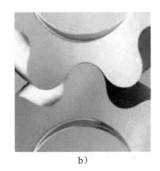

a)　　　　　　　　　　　　　　　　b)

图 6-8　圆弧斜齿齿轮泵（力士乐）

a）结构图　b）齿形图

2．内齿轮泵

也由两个齿轮组成，只是一内一外，旋转轴偏置。主动齿轮是直径较小的外齿轮，带动外面的内齿轮圈一起同方向旋转。在吸油区，齿间空间变大，液压油可以进入。转到排油区，齿间空间减小，把油挤出。有两种齿形：渐开线型、摆线型（见图 6-9）。

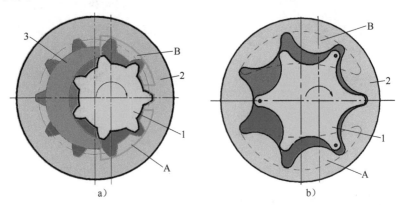

a)　　　　　　　　　　　　　　　　b)

图 6-9　内齿轮泵

a）渐开线型　b）摆线型

1—外齿轮　2—内齿轮圈　3—月牙板　A—吸油区　B—排油区

渐开线型的内外齿腔由一个月牙板分隔。

摆线型，内齿圈比外齿轮仅多一齿，不需要其他分隔部件。

内齿轮泵，虽然齿形加工制造成本较高，但因为结构紧凑，运转平稳，噪声低，近来越来越受青睐。

3．螺杆泵

壳体、主动螺杆和从动螺杆共同构成密封腔（见图6-10）。随着旋转，密封腔从一端移向另一端，使液压油顺轴向流动。排出的液压油流量固定，与螺杆位置无关，无剧烈的压力变化，因此噪声低。

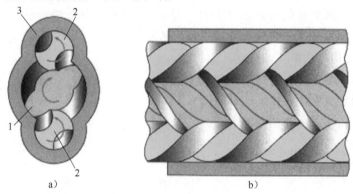

图6-10　螺杆泵结构示意

a）横剖面　b）纵剖面

1—主动螺杆　2—从动螺杆　3—壳体

因为从动螺杆的转动由压力油推动，不是由主动螺杆推动的，因此相互间无摩擦磨损，寿命长。

抗污染能力强，甚至可以输送泥浆。

可承受压力：单级，一般低于15MPa。

6.3　叶片泵

叶片泵，主要由定子、转子和叶片组成。

从结构角度，可分两大类：单作用叶片泵和双作用叶片泵。

1．单作用叶片泵

单作用叶片泵的定子内表面为圆柱面（见图6-11）。

转子也是圆柱形的。叶片嵌在转子中，可伸出缩进，把定子和转子之间的空间分隔成若干个小腔。

如果转子与定子的旋转轴同心，那么，在转子旋转过程中，小腔容积不会发

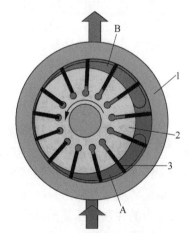

图6-11　单作用叶片泵

1—定子　2—转子　3—叶片

A—吸油区　B—排出区

生变化，泵就不会排出液压油。

如果转子与定子不同心，旋转过程中小腔容积会发生变化：在吸油区，小腔容积逐渐增大，使液压油可以进入；在排出区，小腔容积逐渐减小，挤出液压油。

每转能被叶片刮出去的液压油的量——排量，取决于转子与定子的不同心——偏心距：偏心距越大，排出的油越多。改变偏心距，就能改变排量。作为少有的几种可改变排量的结构，单作用叶片泵因此获得应用。

由于转子所受到的力是不平衡的，因此，转子轴、轴承都受到了很大的单边径向力。这就限制了单作用叶片泵的尺寸和应用。

2. 双作用叶片泵

结构组成与单作用叶片泵相似，只是定子内壁曲面近似椭圆，对称（见图6-12）。因此，转子所受到的力是平衡的，转子轴、轴承都不受到径向力。

为了隔开各个小腔，叶片需要时时贴住定子内壁，但又不能太紧，导致损伤定子内壁面。

转子每转一圈，定子内壁曲面迫使叶片进入转子两次。在转子高速旋转时，叶片往复运动非常频繁，很容易发生撞击。因此，定子内壁曲面的形状是非常关键的。

与外齿轮泵相比，叶片泵结构复杂一些，制造成本也高一些，但噪声低得多。这就是在普及型轿车上多用齿轮泵，而豪华型轿车上多用叶片泵的原因。

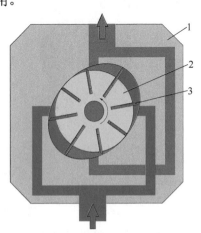

图6-12　双作用叶片泵结构
1—定子　2—转子　3—叶片

6.4　柱塞泵

与前述各类泵不同，柱塞泵中的液压油，除了有少量可能会从出口高压腔泄漏到进口低压腔外，还可能会泄漏到壳体内。因此，壳体上除了进、出口外，还有一个泄漏口③，需要单独接油管回油箱（见图6-13）。

前述各类型泵的密封区域都是线形的密封效果不佳。而柱塞泵中，由于柱塞与缸体中的柱塞孔都是圆柱形的，加工方便，配合间隙可以做到很小（3~6μm），形成很好的密封面。所以，柱塞泵的容积效率是各类泵中最高的，可达98%以上。

柱塞泵分为轴向与径向两大类。

1. 轴向柱塞泵

柱塞与旋转轴基本平行。

图6-13　带泄漏口的泵

（1）斜盘式

也称直轴泵，结构大致如图 6-14 所示。

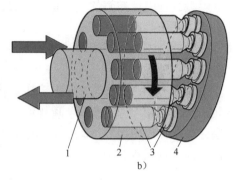

a) b)

图 6-14 斜盘式轴向柱塞泵（力士乐）

a）外形 b）工作原理

1—主轴 2—缸体 3—柱塞滑靴组件 4—斜盘

主轴带动缸体转动，缸体带动柱塞滑靴组件转动，滑靴被压在斜盘上，斜盘不转动。因此，柱塞在斜盘的作用下在缸体内做往复运动，从而吸入排出液压油。

在高压时，柱塞、滑靴、斜盘间有很大的作用力（一个直径 20mm 的柱塞在工作压力 35MPa 时的作用力约为 10000N），滑靴在此作用力下在斜盘上做高速运动。因此，其间的润滑状态是非常重要的。为此采取了很多特殊措施。例如，柱塞中心带小孔，把高压油引到滑靴底部，滑靴底部带沟槽，以形成润滑层（见图 6-15a），等等。为了减小往复运动时的冲击，有的柱塞还做成中空的（见图 6-15b），以减轻柱塞的质量。

a) b)

图 6-15 柱塞滑靴组件

a）柱塞滑靴组件 b）中空柱塞

改变斜盘倾斜的角度，就可改变柱塞的行程，从而改变排量。斜盘式轴向柱塞泵因此而特别受青睐，成为最普遍应用的变量泵。此外，它还由于结构原因，

便于实现高耐压，而成为液压泵中的王牌，长期以来，一直被研究改进。目前，好的斜盘式轴向柱塞泵的耐压已达 60MPa，甚至更高。

斜盘式轴向柱塞泵的主轴可以直通，因此，可以几个泵串接在一起（见图 6-16），由一个发动机驱动，所以也被称为通轴泵。

（2）斜轴式

主轴带动柱塞旋转，柱塞带动缸体旋转。由于缸体相对主轴有一个倾斜角，所以，柱塞会在缸体内做往复运动，从而吸入和排出液压油（见图 6-17）。

图 6-16　双联斜盘柱塞泵

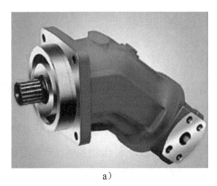

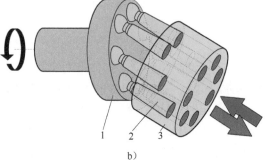

a)　　　　　　　　　　　b)

图 6-17　斜轴式轴向柱塞泵（力士乐）

a）外形　b）工作原理

1—主轴　2—柱塞　3—缸体

斜盘式轴向柱塞泵斜盘的倾斜角一般不宜超过 20°，而斜轴式轴向柱塞泵的缸体相对主轴的倾斜角可达 36°，因此，柱塞可有更长的行程，排出更多的油。

改变缸体相对主轴的倾斜角，也可改变柱塞的行程，从而改变排量，所以，也可做成变量泵。只是，与斜盘式相比，斜轴式缸体的质量远大于斜盘，因此，动态响应就不如斜盘式灵敏。

斜轴式的主轴不能像斜盘式那样穿过壳体，因此，不能两个泵串接。

挖掘机工作时有很高的压力冲击，柱塞泵几乎是唯一被采用的泵型。目前，世界上只有少数几个公司的柱塞泵的持久工作时间能达到 8000h 以上。要想持久工作时间超过 3000h，就必须对滑靴-斜盘（低速时）的摩擦润滑特性、缸体柱塞组件在高速旋转时的振动特性，以及变量控制器，做很深入的研究[22]。

2．径向柱塞泵

柱塞径向布置，转子与定子不同心。转子转动时，柱塞做往复运动，吸入和排出液压油。理论上来说，有两种可能的形式（见图 6-18）。

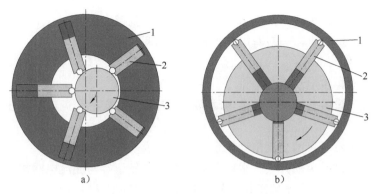

图 6-18　径向柱塞泵的工作原理

a）柱塞在定子上，不转动　b）柱塞在转子上，跟随转子转动

1—定子　2—柱塞　3—转子

图 6-19 所示为一种柱塞不转动的径向柱塞泵。

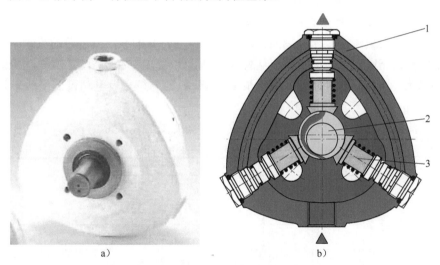

图 6-19　柱塞不转动的径向柱塞泵

a）外形　b）结构

1—定子　2—转子　3—柱塞

这种结构较容易做到耐高压（50～70MPa），但在柱塞数少，偏心距大时，输出流量很不均匀。

6.5　驱动泵用的原动机

液压泵排出的流量理论上正比于泵的转速。

而要驱使泵转动，就要克服泵的负载转矩。泵的负载转矩正比于泵的排量和

出口压力：排量越大，出口压力越高，负载转矩就越大。

驱动泵的原动机，一般有电动机和内燃机两大类。

1. 电动机

（1）交流异步电动机

固定液压设备普遍使用交流电动机，这是因为固定的交流电网现在几乎到处都有。

用于驱动液压泵的交流电动机至今为止绝大多数为异步电动机。因为，异步电动机可以通过简单的开关（继电器）和保护装置直接与交流电网相接，结构简单，结实，能效很高，一般可达80%～87%。输出功率从零点几千瓦到几百千瓦，足够驱动液压泵。且由于其在全世界大量生产，所以价格也相对低廉。

交流异步电动机的理论空载转速

$$n = 120f/P \qquad (6\text{-}1)$$

式中　f——交流电频率，中国电网皆为50Hz；

　　　P——极数，常见的有2极、4极、6极。

电动机极数越少，转速越高，就可使用较小排量的泵获得需要的流量，而且电动机价格相应也低。但因为，从式（6-1）可以算出，在中国，2极电动机的空载转速为 3000r/min，对很多液压泵来说偏高了。而 4 极电动机的空载转速为1500r/min，因此应用较普遍。

交流异步电动机的实际转速与负载转矩有关（见图6-20）。

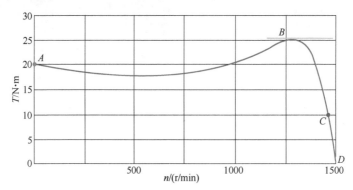

图6-20　某4极交流异步电动机的实测转矩特性

n—转速　T—负载转矩　A—起动工况点　B—最大转矩点　C—额定工况点　D—理论空载工况点

1）D—C—B 是正常工作区。

如果负载转矩减小，转速就增加，最高至空载转速（D 点）；

如果负载转矩增大，转速就降低，在约 1300r/min 时达到最大允许负载转矩（B 点），约为额定转矩的2.5倍。所以，少量超载是可以的。

2）B—A 是不稳定区，必须避免。因为，如果负载转矩超过最大允许负载转矩的话，转速就会下降，同时输出转矩减小，导致停转。

从式（6-1）也可以看出，如果改变输入的交流电频率，就可以改变交流电动机的转速，这被称为变频调速。长期以来，变频设备价格昂贵，限制了变频调速技术的应用。直到 20 世纪 90 年代，技术上才得到突破，价格大大下降，现在，甚至被用到了普通家庭空调。变频调速技术现在也进入了液压行业。目前已实现：转速范围为 3000～50r/min，输出功率在 100kW 以上。特别节能，详见 14.2 节中的"电液作动器"部分。

（2）直流电动机

因为移动设备的蓄电池一般都可以提供 12V、24V 或 48V 的直流电源，而微型直流电动机结构简单、价格便宜，所以，在移动机械中，小功率的场合大多使用微型直流电动机驱动液压泵（见图 6-21）。有些与控制阀和油箱结合成小型液压动力站（见图 6-21b），有的甚至把电动机与液压泵都装在油箱里（见图 6-21c）。

a)

b)

c)

图 6-21　微型直流电动机驱动泵

a) 电动机泵一体化（力士乐）　b) 小型动力站（德国 Fluitronics）　c) 电动机泵内置式（哈威）

1—电动机　2—液压泵　3—油箱　4—控制阀

从图6-22所示的某微型直流电动机的特性曲线可以看出,在负载转矩增加时:

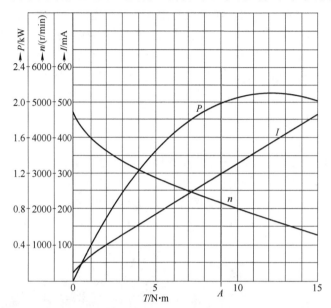

图6-22 某微型直流电动机(12V,额定功率2kW)的特性曲线

T—负载转矩 P—功率 n—转速 I—电流 A—额定工况

1)转速会明显下降,液压泵出口的流量当然也会随之下降。

2)电流上升。这会导致电动机线圈发热,所以微型直流电动机一般只用于断续工作。

(3)直流伺服电动机

如果在电动机中安装转速传感器,根据转速调整输入电压,从而使转速保持在希望值,这样就可以得到希望的流量。转子制成细长形,这样转动惯量较小,响应较灵敏,以适应变转速调节流量(见图6-23)。

图6-23 一个直流伺服电动机同时驱动两个变量泵和一个定量泵(力士乐)

2. 内燃机

在移动设备中,目前普遍用作动力源的是内燃机:汽油机或柴油机。汽油机一般仅用于小型车辆,大型车辆及工程机械上普遍使用柴油机。图6-24所示为某

柴油机的转速性能曲线。从中可以看出，其特性与电动机明显不同。

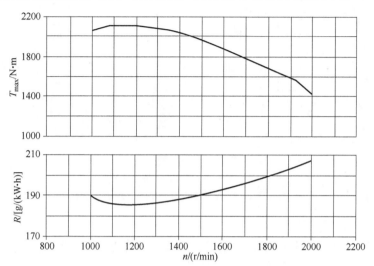

图 6-24 某柴油机的转速性能曲线

n—转速 R—输出单位能量的耗油量 T_{max}—最大输出转矩

1） 在转速为 1100～1200r/min 时，可输出的最大转矩 T_{max} 值最大。之后，随着转速增加，T_{max} 下降。

2） 发动机的转速是由负载和燃油供应量（通过油门）共同决定的。如保持燃料供应量不变，则负载增大时，转速会下降。在负载不变时，增大燃油供应量会提高发动机转速。在转速约为 1200r/min 时，输出单位能量的耗油量 R 最小。

所以，应该根据目标选择发动机工作转速：在需要发挥最高功率时，应工作在高转速；如果要追求最低燃料消耗，则应该工作在低转速。另外，发动机转速越低，噪声也越低。

6.6 泵的变量特性

所有的泵都有其固定的最大排量，在固定转速时，排出大致固定的流量。但固定流量输出在很多工况能量浪费较多，为此研发出了一些排量可变的泵（见图 6-25）。主要有恒压变量，恒压差变量和恒功率变量。

1. 恒压变量泵

（1）特性

恒压变量泵（见图 6-26）的特性有以下 3 种工况。

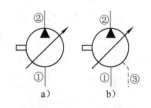

图 6-25 变量泵的图形符号

a）不带泄漏口 b）带泄漏口

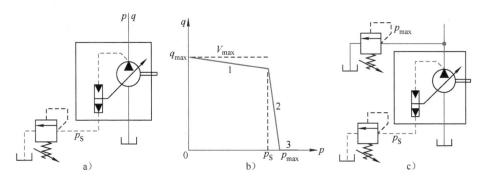

图 6-26　恒压变量泵

a）图形符号　b）特性　c）附加溢流阀

1—排量最大　2—排量随出口压力而变　3—排量最小

1）排量最大工况

在泵出口压力低于泵的预设定压力 p_S 时，泵的排量保持最大 V_{max}。在转速固定时，理论流量为 q_{max}。但随着出口压力增加，内泄漏会增加，因此，实际输出流量会有所下降。

2）恒压工况

当出口压力达到预设定压力 p_S 后，排量会随出口压力而变，从而改变输出流量 q，力图保持泵出口压力 p 大致恒定。这起到与溢流阀同样的作用，但可避免溢流带来的能量损失，从而节能。

3）排量最小工况

在排量关到最小后，如出口压力继续增高，泵已无能为力。所以，为了保护泵，应该在泵的出口处另外再安装一个溢流阀（见图 6-26c），其设定压力 p_{max} 应该一定程度高于 p_S。

（2）应用

恒压变量泵可用在以下两种场合。

1）单个液压缸需要所谓的"保压"工况：平时需要大流量快进，在保压时，要保证一定的压力，但需要的流量很小，采用恒压变量泵在此时就比较节能。

2）多个液压缸，共用一个泵（见图 6-27）。如果采用恒压变量泵，可互不干扰地工作，同时还比较节能。

2. 恒压差变量泵

恒压差变量泵（见图 6-28）的排量会随控制压力 p_L 改变，力图使泵出口压

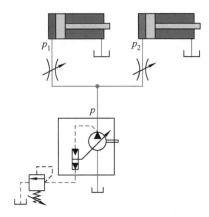

图 6-27　用恒压变量泵实现多缸互不干扰

力 p 比控制压力 p_L 高一个恒定值 Δp，一般为 2～4MPa，可调。

在出口压力 p 增高时，如果是普通定排量泵，实际输出的流量会由于泵内部泄漏增大而降低。而如果采用恒压差变量泵，在泵的出口安排一个节流口，从节流口后取控制压力 p_L（见图 6-29），那么，因为 p 始终比 p_L 高恒定值，所以可以使通过节流口的流量 q 恒定。所以，这种泵也常被称为恒流量泵。

在需要多个液压缸同时工作时，如果利用梭阀选取负载压力中最高的那个作为控制压力 p_L（见图 6-30），来控制恒压差变量泵的排量，尽量使泵出口压力 p 比 p_L 还高一个恒定值，再通过各支路上的压差平衡元件，就可维持各支路的流量恒定，不受其他支路的影响。这种回路在挖掘机上应用得很多。因为泵出口压力能随负载压力变化，所以，恒压差泵也常被称为负载敏感泵。

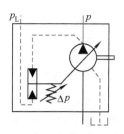

图 6-28 恒压差变量泵的图形符号

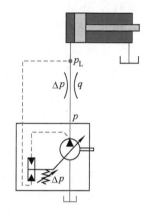

图 6-29 用恒压差变量泵实现恒流量输出

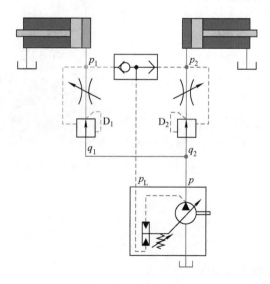

图 6-30 用恒流量变量泵供应多缸

D_1、D_2—压差平衡元件

3. 恒功率变量泵

如已述及，液压泵输出的功率 P 是输出流量 q 与泵出口压力 p 之积

$$P=qp$$

所以，如果 p 增高而 q 不变的话，则液压泵需要输出的功率就增大，需要原动机驱动的功率也相应增大。如果超过了原动机最高可能输出的功率，原动机就会进入不稳定工作区，随后停机。

如果根据可能出现的最高负载功率——角功率（见图 6-31），选用大功率原动机，那成本就会较高。而在很多实际应用场合，允许流量在负载升高时降低。这时，就可以采用恒功率变量泵：在压力 p 升高时减小排量 V，从而降低流量 q，以保持功率 P 恒定，就可以选用额定功率较小成本较低的原动机了。

详见参考文献[2]第 3.2.4 节、第 13.2.2 节。

然而，结构适合于变排量的泵不多，除了单叶片泵以外，只有柱塞泵。这也是柱塞泵虽然结构较复杂，却获得广泛应用的重要原因。

泵的排量控制有两类。以上所述，由系统内部压力控制的，属于内控。另一类是外控，可以从外部控制，如手动、电动等。

现在已研发出了电控变量斜盘式柱塞泵（见图 6-32），带控制器，由比例阀控制排量机构，由传感器反馈斜盘位置及压力。可以通过程序和指令设定变量形式，既可内控，也可外控，非常灵活。

采用调速变流量也可以实现恒压、恒压差及恒功率功能，而且更节能，因此是现在的研发热点。

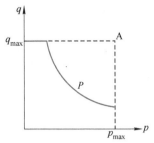

图 6-31　恒功率变量
A—角功率　P—功率

图 6-32　电控泵（力士乐 2017）

6.7　马达

（1）功能

马达可用于驱动负载旋转。

马达的转速，取决于压入的流量。而进出口的压差，则取决于作用在马达轴上的负载转矩。不像电动机，负载大了，转速就会明显下降（参见图 6-20、图 6-22）。

也不像内燃机，最低转速至少要 500r/min、600r/min 以上（参见图 6-24）。

　　所以，在非公路，如农田、沼泽、草原、森林、沙漠等工况变化很大的地区，马达驱动比发动机直接驱动更灵活，效果更好。所以，现在几乎所有的履带车：坦克车、拖拉机、挖掘机等都使用马达驱动。

　　几乎所有的泵都可以用作马达（见图 6-33）：只要把泵的进口保持通油箱，从泵的出口压入压力油，泵就会反向旋转，成为马达，驱动负载。

　　对马达和对泵的要求主要有以下不同。

　　1） 泵工作时的旋转方向和进出口一般允许固定，因此，其结构都是按此优化了，不对称的。例如，进口的流道比出口宽敞些。而液压马达大多需要正反转，因此，一般结构是对称的。

　　2） 泵一般工作在一个较高较窄的转速范围内，而马达常需要有一个较大的工作转速范围。

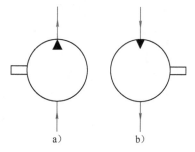

图 6-33　泵与马达的图形符号
a）泵　b）马达

　　3） 很多应用需要马达在低转速时，甚至从零转速开始，也能提供足够大的转矩，例如，拖拉机从泥泞地里起动时，满载物料的输送带起动时。

　　（**2**）类型

　　马达有多种类型（见图 6-34）。

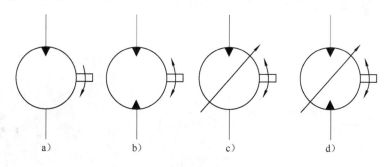

图 6-34　多种类型的马达
a）定排量，单向进油单向旋转　b）定排量，可双向进油双向旋转
c）变排量，单向进油双向旋转　d）变排量，可双向进油双向旋转

　　马达额定转速高于 500r/min，一般称为高速马达，通常是齿轮式、叶片式和轴向柱塞式。

　　马达额定转速低于 500r/min，一般称为低速马达，通常是径向柱塞式。可输出转矩较大，可达几万 N·m，最低稳定转速可小于 1r/min。

（3）泵马达组合

变量泵和变量马达可组合在一起，形成一个可大范围无级调速的变速器（见图 6-35）。两者既可非常紧凑地组装在一个壳体中（见图 6-35b），也可分离，安装在各自适宜的位置上，详见参考文献[2]11.3 节。

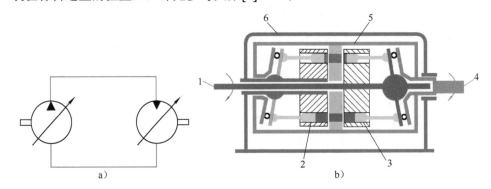

图 6-35　泵马达组成的无级调速器

a）回路原理　b）紧凑型结构原理[5]

1—输入轴　2—变量马达　3—变量泵　4—输出轴　5—旋转壳　6—外壳

（4）机液复合传动

上述的液压变速器可以带载无级变速，但效率不够高，功率也相当有限。机械齿轮变速器效率很高，可传递的功率也很大，但不能带载无级变速。因此，出现了把两者结合在一起的机液复合变速器。图 6-36 所示即为一种，被用于大型装载机等工程车辆，把发动机的转动传给车轮。

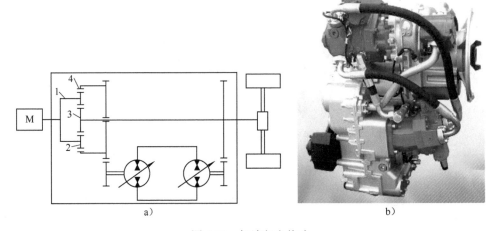

图 6-36　机液复合传动

a）结构原理图[5]　b）外形图（力士乐 HVT）

1—行星齿轮架　2—行星齿轮　3—太阳轮　4—行星齿轮外圈

6.8　流量脉动与噪声

1. 流量脉动

所有的泵都有若干个输送液体的小腔。在泵运转时，这些小腔，到了吸油区就敞开，容积变大，让液压油可以流进来。过了吸油区后则关闭，以阻止液压油回流。到了压油区后又敞开，容积变小，把液压油挤压出去。这样的开开关关，再加上小腔的容积变化速度不均匀，就造成了输出流量的不均匀，波动。但其平均值基本不变，术语称"流量脉动"，详见参考文献[2]第 3.3 节。

脉动的流量遇到阻挡，就导致了压力的波动。泵的转速越高，工作压力越大，压力波动就越大（见图 6-37）。

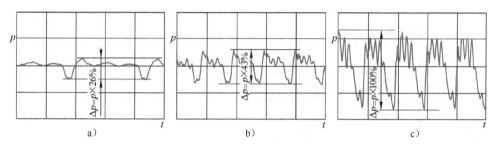

图 6-37　某柱塞泵的出口压力实测[5]

a）P=10MPa，n=1000r/min　b）P=10MPa，n=2500r/min　c）P=35MPa，n=2500r/min

压力波动是液压系统噪声的根源之一。

2. 噪声

噪声的强弱一般用 dB（分贝）来衡量。一般轻声细语低于 45dB。大声说话会超过 60dB。飞机发动机的轰鸣则会超过 100dB，给人的健康带来永久性损伤。

（1）泵的噪声

泵是液压元件中结构最复杂的，由多个相对运动的部件组成。在工作时，各部件发生撞击，压力剧变，都会带来噪声。因此，泵往往是液压系统中噪声的主要根源。

不同工作原理的泵，噪声水平不同，大致如图 6-38 所示。

（2）噪声的根源与传播途径

人耳感知的噪声一般都是通过空气传来的，但其根源却是多种多样的。液压系统

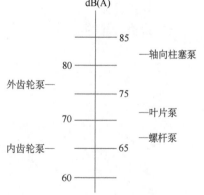

图 6-38　各类泵的大致噪声水平

工作时，除了泵、流量脉动以外，其他部件及因素也会产生噪声（见图6-39）。

（3）减噪

噪声有害人的短期安宁和长期健康，因此，必须测量分析，找出根源，采取相应减噪措施。

降低噪声可以从源头、隔振、封闭、吸收、传播等多方面下手，大有学问。

例如，拉提琴，虽说真正发声的根源是弓和弦，但如果没有琴箱的谐振，那琴声是很轻的。而液压油箱，处理得不好，就会成为一个大谐振箱，把系统中各部件的振动噪声放大。

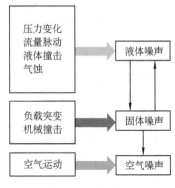

图6-39　噪声的根源与传播

6.9　选用

泵和马达一般是液压系统中最贵的元件，特别是泵，工作时间长，压力高，压力冲击大，对系统工作持久性影响最大，因此，选用时要特别慎重。

泵和马达的种类多种多样，每种工作原理都有其优点。所以，应根据具体应用的要求，考虑下列因素，进行选择。

——压力范围；

——转速范围；

——排量固定或可变；

——变量泵的响应时间；

——流量脉动；

——噪声水平；

——期望寿命；

——价格，等等。

第7章 密封件
CHAPTER 7

7.1 作用原理与种类

(1) 作用原理

液压元件中刚性 (金属) 部件的表面, 无论如何加工, 其表面粗糙度数值都不可能低于液体分子的尺寸。所以, 即使两部件无需相对运动可以压紧时, 也不可避免地只有部分区域实际接触 (见图 7-1)。而如果两部件需要相对运动, 更是必须留出一些间隙。液压油就可能经过这些间隙流动, 造成泄漏, 特别是在压力较高, 黏度较低时。

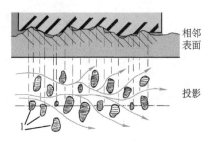

图 7-1 泄漏示意
1—实际接触区 —泄漏流

为了阻止泄漏, 可以在相邻刚性表面之间设置密封件。可以说, 几乎所有液压元件, 都使用密封件。

绝大多数密封件是采用天然橡胶或人工合成的高分子材料制造的, 有一定弹性。在安装时通过预压发生局部变形, 在承受液压力时再被进一步压紧 (见图 7-2), 期望所形成的实际接触区, 能够完全隔断或至少大幅度减少液流泄漏的通道。

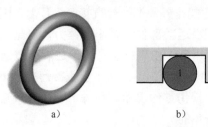

图 7-2 密封件变形
a) 装配前 b) 装入槽中 c) 受压后
1—密封件

实际接触区的状况取决于接触面的粗糙度, 密封件的形状、硬度以及压紧力。

（2）种类

设置在无相对运动但又希望可拆分的部件之间（见图7-3）的，被称为静密封。

设置在有相对运动的部件之间的被称为动密封。

液压缸中（见图7-4），装在活塞2上的密封圈1与缸体有相对运动。密封唇边在其外周，称为轴密封。装在端盖4内的密封圈5与活塞杆6有相对运动，密封唇边在其内周，称为孔密封。两者都是面对直线运动。

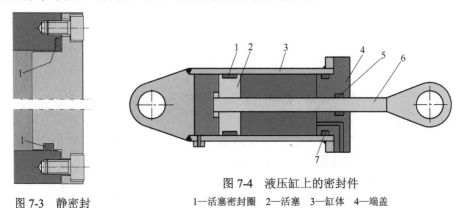

图 7-3　静密封

1—密封圈

图 7-4　液压缸上的密封件

1—活塞密封圈　2—活塞　3—缸体　4—端盖

5—活塞杆密封圈　6—活塞杆　7—静密封圈

而装在马达壳体上旋转轴外的密封圈则是面向旋转运动。

7.2　要求与应对措施

对密封件有多方面的要求。应用场合不同，要求也不完全相同。

1. 要求

（1）无泄漏或极少泄漏

1）活塞杆密封失效的话，发生的是外泄漏，会直接污染环境，因此是要极力避免的。但是，少量的泄漏可以润滑运动部件，减小摩擦力，对延长活塞杆的寿命有益。因此，一般允许长期运行以后，出现极少量的不成滴的泄漏。

2）活塞密封失效的话，发生的是内泄漏，虽然不会直接污染环境，但在高压下的泄漏，会引起局部发热高温，损伤零件表面。另外，还会导致液压缸不能保持在固定位置。因此，也是需要避免的。

（2）较小的摩擦力

为了密封，压紧力当然越大越好。但，压紧力越大，通常摩擦力也越大。这对静密封不成问题，但对动密封来说，就不仅带来能量损失。而且高的摩擦力很容易导致运动不平稳，特别是在低速时，出现爬行——走走停停现象（参见图

2-13）。

（3）较长的工作寿命

1）密封件与液压油接触，压力可能时时在变。因此，很可能会有气蚀发生。要长期工作，就需要密封件的材料能抗气蚀，不易剥落。

2）与液压油的化学相容性。长期浸泡在液压油中，希望不会，或极少发生变化。

3）对动密封而言，工作时，密封件自然时在与比它硬的金属材料发生摩擦。但即使对静摩擦，由于压力变化导致密封件形状变化，因此，接触面也会发生微运动，从而发生摩擦。因此，耐磨，对密封件是普遍需要的。

4）高分子材料对高低温都很敏感。

高温会使高分子材料老化，失去弹性，增加塑性，发生永久变形。在密封件实际发生摩擦的部位往往由于摩擦产生热，而这些地方液压油往往又很少流动，温度会高于其他部位。

低温也会使材料变硬，弹性降低，从而降低压紧处的应力。这特别容易发生在冬季、高寒地区，不工作和刚起动时。

（4）一定的经济性

价格可承受。体积较小。便于安装更换。

2. 一些应对措施

为了满足以上多方面的要求，研发出了多种应对措施。但尽管如此，要同时满足以上所有要求，是很不容易的，往往只能折衷妥协。

（1）基体材料

最早使用的是天然橡胶。以后发明了，特性更好，可以适应更广温度范围的人工合成高分子材料，如，聚氨酯、聚四氟乙烯等。

某些不需要频繁拆卸的静密封有时也采用比较软的金属，如纯铝、纯铜，作为密封圈，通过压紧变形来密封，成本较低，但不耐震动，且每次拆卸后必须更换。

（2）添加成分

高分子材料往往不耐磨，所以，常在其中加入青铜、玻璃等比较硬并且耐磨的粉末，既降低摩擦力，又提高其工作寿命。

（3）形状

1）最早出现的是 O 形圈。O 形圈形状简单（见图 7-5a），需要的安装空间小，成本较低。但变形能力有限，耐压低，抗磨损能力低。因此，要密封

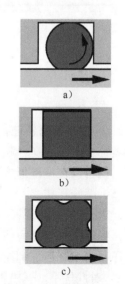

图 7-5　简单密封圈

a) O 形圈　b) 矩形圈　c) X 形圈

的间隙必须很窄。仅用于低等级、非关键元件以及安装空间小的地方。由于安装及工作时容易发生扭转，以后又发明了矩形圈和 X 形圈（见图 7-5b、c）。

2）唇形密封圈有多条密封唇边。因此，压紧力、压紧面积可适应不同压力（见图 7-6）。

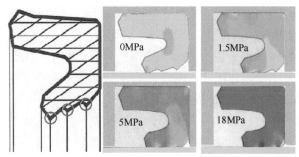

图 7-6　多唇边密封圈在不同压力下的变形（仿真）

（4）组合

1）加较硬的挡圈，来防止较软的 O 形圈被挤进间隙里（见图 7-7），特别是在压力较高时。

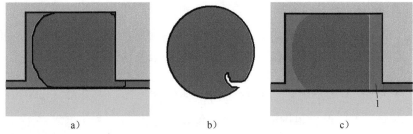

图 7-7　用挡圈避免 O 形圈被挤入缝隙
a）未加挡圈时　b）损坏　c）加挡圈
1—挡圈

2）弹性强的材料往往摩擦系数高，而摩擦系数低的材料往往弹性弱。组合圈把两者的优点结合在一起（见图 7-8）。从图中还可以看到，如果密封元件采用阶梯形，则可以在局部形成比较高的接触压力，更容易于达到实际隔断。

（5）特殊形式

1）由于密封活塞杆处的密封圈的润滑条件较差、较容易磨损，而更换又极不方便，德国洪格尔公司研发出了压紧力可调的密封圈（见图 7-9）。在密封唇边磨损，压紧力下降后，利用润滑脂施压，使加压腔变形，从而增加唇边的压紧力。

2）对批量小，开模很不划算的密封圈，现在还出现了机加工成形。

3）在密封圈必须通过孔道、不平处，有时采用金属密封圈（见图 7-10）。开口处在安装时相互错开，以减少泄漏。

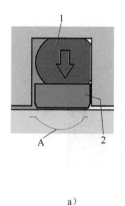
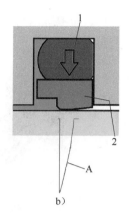

a)   b)

图 7-8   组合圈

a）密封元件矩形   b）密封元件阶梯形

1—弹性圈   2—低摩擦系数的密封元件   A—接触压力

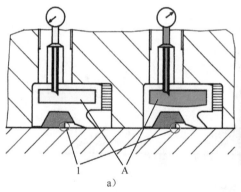
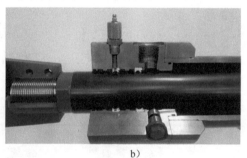

a)   b)

图 7-9   压紧力可调型密封（德国洪格尔公司）

a）原理图   b）剖开实物

1—密封唇边   A—加压腔

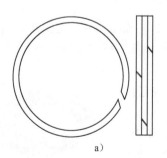

a)   b)

图 7-10   金属密封圈

a）示意   b）实物

4）在个别场合（例如，伺服缸），为了最大程度地降低摩擦力，也有放弃密

封件（见图 7-11），而把缸体与活塞之间的间隙做得很小，以减少泄漏，称为间隙密封，需要很高的加工精度。

图 7-11　间隙密封（德国 HÄNCHEN 公司）

7.3　应用中损坏的原因

密封件是用来防止泄漏的，但泄漏的原因并不总是在密封件。正确应用，也很重要。

（1）设计

1）选用的密封圈与液压油、工作温度、工作压力不相配，导致密封圈损坏（见图 7-12）。

图 7-12　密封圈损坏

a）化学腐蚀　b）温度过高　c）压力过高

2）密封槽尺寸不对，导致密封圈被挤入密封间隙而损坏（见图 7-13）。

3）相应部位，包括密封槽底，未达到密封圈供货商规定必须达到的表面粗糙度、尺寸允差、形状和位置偏差。

4）遗漏密封圈预压导向，导致安装时部分密封圈被切除（见图 7-14）。

5）很多密封圈都是用来承受正向压力的。如果出现负压，反向流动。就会把密封圈拉毛。因此，设计时就要考虑到各种可能遇到的负载力状况，避免出现负压。

图 7-13　密封圈挤压损坏

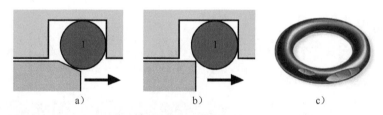

图 7-14 安装导向

a) 有导向 b) 无导向 c) O 形圈部分被切除

1—密封圈

（2）加工

如果密封圈槽底与外圆不同心，会导致两侧安装空间分布不恰当，安装后被压缩状况不同（见图 7-15），也会破坏密封效果。

（3）安装工具

密封唇边是保证密封功能最关键的部位，但常常是很细微娇嫩的，如果安装时使用的工具不恰当，或太粗暴，很容易被损伤。

（4）运行

1）如果相对运动的金属表面损伤，也很容易损坏密封圈。这特别容易发生在活塞杆密封处，活塞杆由于暴露在外时被外来杂物损伤。

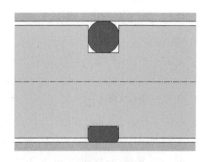

图 7-15 密封圈槽底与外圆不同心

2）液压油中的污染颗粒，特别是比较硬的金属颗粒，也容易损坏密封圈。

密封圈对轴或孔的圆度有较强的适应能力，但对轴向细纹的密封能力就差得多（见图 7-16）。

3）液压缸内油液的温度往往高于油箱。因此，要注意限制液压缸中的温度，不能超过密封圈的许用温度。

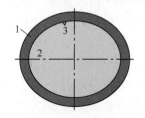

图 7-16 轴向细纹不易被密封

1—密封圈 2—轴 3—轴向细纹

第8章 液压辅件
CHAPTER 8

为了发挥功能，液压系统中，除了泵、阀、缸外，还需要一些辅助元件。

8.1 管道

管道把液压元件连接成为系统，让液压油在其中流动。

决定使用的管道有两个关键参数：内径与耐压。

（1）内径

管道的内径和流量决定管道中液体的流速：内径小，流量大，则流速高，则压力损失大。

关于管道内径的选取，中外教科书都有推荐：根据工作压力与流速，压力高的管道中流速可以高一些，也即管道内径可以小一些。其实，这是给没有经验的设计人员参考的，并非一定要遵循的。

因为，原则上来说，流量不变的话，内径越大，流速就越低，压力损失就越小。但使用大内径管道，成本高。而压力管的工作压力高，压力损失稍大些，在多数场合下问题还不大。因此才有上述推荐。

设计师应该根据具体情况酌情决定。再说，各企业仓库里，市场上可买到的管道规格也只是有限的几种。

例如，在潜水艇中，为了避免噪声，要把流态保持在层流，即使压力管也使用很大的内径。

（2）耐压

管道不仅需要承受工作时的稳态压力，也要承受动态冲击。所以，其耐压必须有相当的安全系数。一般，最低爆破压力应该是稳态工作压力的 4 倍以上。

1. 硬管

管道的材质与壁厚决定了耐压能力。

过去在低压系统中还使用铜管，取其易加工。现代液压工程中大多使用精密冷拔钢管。

内径越大的管道，管壁受到的拉力也越大，需要的管壁也越厚。

2. 软管

有些液压元件的相对位置不易精准确定，有些液压元件在工作时会发生相对运动，例如液压缸，这些都应该采用软管来适应。

软管，采用一层或多层的钢丝或尼龙丝编织的网来承受压力，用高分子材料做保护层（见图 8-1）。所以，软管可以有一定程度的弯曲。但在设计和安装时要注意：

——不应小于供货商给出的最小半径；

——不应扭转；

——也不应绷紧，因为，软管受压时会略微膨胀缩短。详见 12.1 节。

高分子材料会老化，因此有规定，软管从生产日期开始，包括仓储时间，使用期限不应超过 6 年。

如果软管破损，高压油从破损处射出的话，很容易造成人身伤害，且易形成油雾导致起火。所以，根据情况，有时必须在外面再套一层保护性软管。

3. 管接头

管接头用于连接管道与管道、管道与其他液压元件。

管接头必须实现三个关键功能：

——固定（夹紧）管道；

——能够适当变形，以弥补液压元件的定位误差；

——在管道有一定振动时还能保持密封。

一般都是由两部分组成。一部分与管道连接，另一部分与其他元件或管道连接。这两部分再通过螺纹连接。关键是前一部分：如何与光溜溜的管道连接。有多种形式（见图 8-2）。

图 8-1 软管的构造
a）纵视图 b）横切面
1—外保护层 2、4—承压层
3、5—内保护层

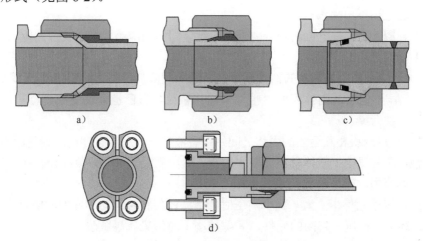

图 8-2 硬管连接方式
a）扩口式 b）卡套式 c）焊接式 d）法兰式

软管接头的连接方式与硬管不同（见图 8-3）。而且，不同软管配用的接头连接部分形状要求可能不同。所以，要注意软管供应商对此的规定。

a）   b）

图 8-3　软管接头与软管的连接
a）连接前　b）连接后

软管在高压下从接头脱落的话，会像鞭子一样，抽打周围的一切，所以，要特别小心。

8.2　油液污染

1. 油液污染的危害

据统计，液压系统失效，80%以上是油液污染造成的。

（1）固体颗粒

1）尺寸大于运动部件间隙的颗粒不能进入间隙，容易卡住阀芯，使之无法运动（见图 8-4a）。尺寸小于间隙的颗粒虽然理论上不会卡住阀芯，但数量多的话，聚积起来，也会导致阀芯被卡住，就像米袋上开了一个几倍于米粒大小的洞，但米常常还是倒不出来那样。

电磁阀，尤其是电比例阀，由于阀芯阀体间的间隙小，电磁线圈的驱动力小，就比手动阀更容易卡死。

2）污染颗粒，被流动的油液所裹挟，进入间隙后，高速冲刷接触表面（见图 8-4b、c），不但会从固体表面"啃"下固体颗粒，自己也会裂变成小颗粒，形成即所谓二次污染。

3）如果两块相互运动的固体之间始终有液体——润滑膜存在，相互间没有直接接触，那么理论上固体就不会发生磨损，寿命无限。而污染颗粒会破坏润滑膜，从而加剧磨损，甚至导致两块固体相互咬死。

现代液压元件中，为了减少高压时的泄漏，各相对运动部件的间隙常在 10～5μm。额定工作压力越高的元件，间隙越小，对污染就越敏感。

人的头发直径一般为 40～70μm，肉眼可察觉的最小颗粒一般在 15～25μm 之间（见图 8-5），所以凭肉眼常常不能察觉可能危害液压系统元件的污染颗粒。

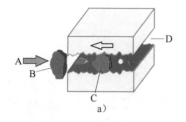

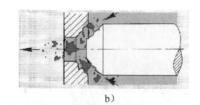

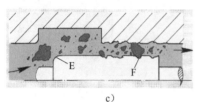

图 8-4　固体颗粒的危害

a）大的颗粒会卡住阀芯　b）颗粒冲刷座阀　c）较小的颗粒进入滑阀间隙　d）污染损坏滑阀

A—液流　B—较大的颗粒　C—较小的颗粒　D—间隙　E—磨损控制阀边　F—形成划痕

（2）水

油液中的水会

——锈蚀金属部件；

——破坏相互运动表面之间的油膜，降低润滑性；

——导致油液乳化，加速液压油的氧化变质；

——降低一些添加剂的功能；

——使纸质过滤元件膨胀，造成滤孔堵塞，降低通流能力。

（3）空气

液压油中含有的空气，如果是已溶解的，以分子形式存在，不会直接带来危害。但这些空气在温度升高、压力降低时会析出，与原有的未溶解的空气一起，带来负面影响：气蚀、爬行、增加噪声、破坏油液分子链、加速油液老化、损坏密封圈。

因此，空气也是越少越好。

经验表明，一个液压系统越清洁，其无故障工作时间也越长。

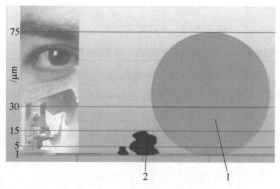

图 8-5　肉眼的察觉能力

1—头发丝　2—肉眼难以察觉的颗粒

2．来源

液压系统中的污染物有多种来源（见图8-6）。

（1）元件制造过程

如果元件制造厂不注意清洗，不保证出厂试验台油液的清洁，那制造过程中的残渣碎屑很容易被夹在元件中交给用户。

（2）系统安装过程

系统安装过程中，特别是在现场加工管道时。

成桶新油的清洁度常常达不到现代液压的要求，过滤后才能加入油箱。

（3）设备运行过程

1）从周围环境中带入污染：

——在活塞杆往返运动时，特别是在油封有损伤时；

——回油口未插入液面，或离液面太近，回油汹涌时会裹入空气；

——油箱液面高低起伏，经过油箱通气过滤器吸气时。

2）部件磨损，污染颗粒破碎，产生二次污染。

3）系统维修，更换元件时。

所以，要减少污染，就要针对性地分别采取措施。

3．油液污染度的测定

有多种方法。目前最常用的是颗粒计数法。让油液通过一根激光照射的细管，根据颗粒的投影面积，分档统计不同尺寸颗粒的数量（见图8-7）。

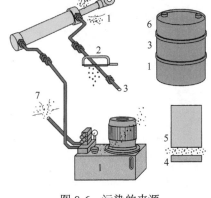

图8-6　污染的来源

1—外来污染　2—安装过程中　3—运行前污染
4—内部污染　5—磨损　6—新油　7—修理

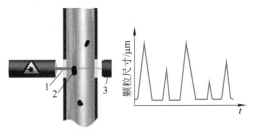

图8-7　液体自动颗粒计数工作原理

1—激光束　2—颗粒　3—光强度接收器

根据目前现行的国家标准（GB/T 14039—2002，修改采用 ISO 4406:1999），采用颗粒计数法的污染度等级代号由三个代码组成，分别表示，在 1mL 油中，投影尺寸超过 $4\mu m$、$6\mu m$ 和 $14\mu m$ 的颗粒的数量级。例如污染度等级 18/15/11，表示在 1mL 油中，尺寸超过 $4\mu m$、$6\mu m$ 和 $14\mu m$ 的颗粒的数量分别在 1300～2500、160～320、10～20 个之间。也常用美标 NAS，与国标有大致对应关系。

据此，也可以看到，污染度本质上是油液中污染颗粒的浓度。污染不是有没有的问题，而是多少的问题。用污染度高一些的油，虽说系统也不见得立刻就出故障，但元件的磨损肯定加快了，出故障的几率肯定增高了。

自动颗粒计数器有两类（见图 8-8）。先研发出来的是便携式，离线的。需要从设备中取出一些液压油来检测。由于风力发电机的需求，又研发出了在线式的，可以固定在液压设备上持续检测。检测结果除直接显示外，还可传输给上位计算机。

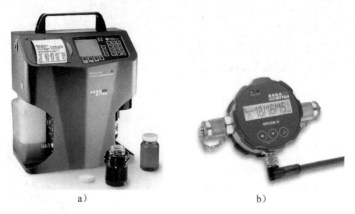

图 8-8　自动颗粒计数器

a）便携式检测器　b）在线检测器

8.3　过滤器

1. 过滤材料

为了减少油液中的污染颗粒，早期使用的是金属丝编织的平面型过滤网（见图 8-9）。

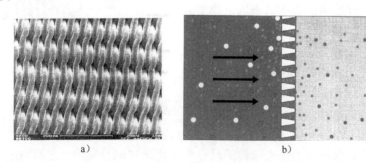

图 8-9　平面型过滤网

a）过滤材料　b）过滤原理

以后，随着对污染危害性认识的加深，过滤要求的提高，又研发出了深度型过滤材料。由纸质、玻璃纤维叠加而成（见图 8-10），粗看上去像厚的毛糙的纸，内部有曲折迂回的通道。其过滤精度及能容纳的污垢量——纳垢容量显著提高。

因为过滤面积越大，通流能力就越大，纳垢容量也越大，所以，现代过滤元件，一般称滤芯，都呈折迭形（见图 8-11）。

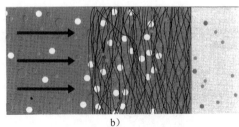

a)   b)

图 8-10　深度型过滤材料

a）过滤材料（显微镜下）　b）过滤原理

2. 过滤器的结构

现代过滤器的结构大致如图 8-12 所示。进出口都做在滤盖上，这样更换滤芯时，只要旋开壳体即可，不需要拆卸连接管道。

3. 过滤精度

平面型过滤网还用目（每英寸长度上的孔数）来衡量。铜丝网最密只能达到 200 目，即孔径约 120μm。

而在深度型过滤材料中，由于油液通道是很不规则的，因此，不能简单地用某个尺寸说明其过滤通道大小。所以，提出了一个过滤比 β 概念（见图 8-13）。

尺寸大于 x 的过滤比 β_x ＝尺寸大于 $x(\mu m)$ 的颗粒 $\dfrac{过滤前的数量}{过滤后残存的数量}$

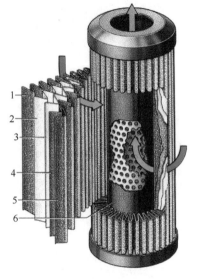

图 8-11　现代滤芯结构

1—筛网保护网　2—保护网　3—真正的过滤材料
4—安全网　5—支承网　6—带孔的支承管

然后，把过滤比 $\beta \geqslant 100$，即，过滤后，平均每 100 个颗粒中至多只有一个"漏网之鱼"，99%以上的污染颗粒能被拦截，定义为"能有效捕获"。

再用"能有效捕获的最小颗粒的尺寸"来定义过滤材料的"过滤精度"。

例如，一种过滤材料的过滤比 β_3＝100，意味着，油液中大于 3μm 的颗粒，过滤后，残存不超过 1%，也即 3μm 以上的颗粒约 99%在通过该滤芯时可以被阻挡掉。

其实，污染颗粒的形状千奇百怪，球状、多角状、条状、线状、什么都有可能。用某个尺寸来说明其大小，是十分勉强的，但也是不得已而为之。

4. 通流能力

过滤器的通流能力一般用，在一个约定压差，比如说 0.5MPa 时，可通过的流量来衡量。

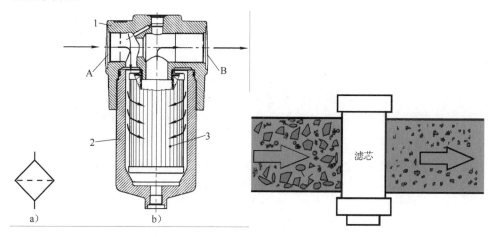

图 8-12 过滤器
a）图形符号　b）工作原理
1—滤盖　2—壳体　3—滤芯　A—进口　B—出口

图 8-13 过滤精度

液压油通过过滤器的压差，一部分是由过滤器中的通道造成的，另一部分是由滤芯造成的，这部分随着被阻挡的污染颗粒的增多而增加。

两者都受油液黏度影响。黏度越高，压差越大。

5. 滤芯的保护

随着被阻挡的污染颗粒越来越多，滤芯的通流能力也越来越差，表现为，滤芯内外的压差越来越大。而滤芯能承受的压差是有限的，一般约为 1～2MPa。如果超过了，滤芯就会被压扁压溃（见图 8-14）。结果，竹篮子打水一场空，原先被阻挡下来的污染颗粒又全部进入油液，前功尽弃。

因此，必须设置一些保护措施。

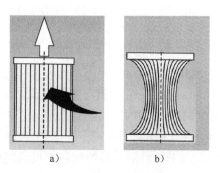

图 8-14 滤芯被压瘪示意
a）正常工作　b）被压瘪

1）如果滤芯前后的压差超过比如说 0.5MPa，就开启旁路阀，油液不经过滤直接通过（见图 8-15a）。

2）装压差显示器（见图 8-15b）。

3）发出压差报警电信号（见图 8-15c）。控制计算机可以根据此信号在控制台给出报警显示、蜂鸣声，甚至不准泵起动。

能组合应用更好（见图 8-15d、e）。

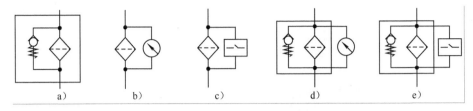

图 8-15　滤芯保护措施的图形符号

a）旁路阀　b）压差显示　c）压差报警　d）旁路阀组合压差显示　e）旁路阀组合压差报警

6. 过滤器的类型

为阻挡各种来源的污染，降低污染颗粒的浓度，可以在液压系统的不同部位安装过滤器，相应有不同的名称和要求（见图 8-16）。

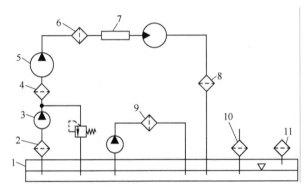

图 8-16　安装在液压系统中不同位置的过滤器

1—油箱　2—吸油过滤器　3—辅助泵　4—低压过滤器　5—高压泵　6—高压过滤器

7—液压阀　8—回油过滤器　9—旁路过滤器　10—加油过滤器　11—通气过滤器

此外，还可以使用不固定在某一液压设备上的过滤车。

总之，对降低油液污染度来说，过滤器多多益善。污染颗粒被分散阻挡了，单个滤芯的使用时间自然也会延长了。

图 8-17 是对一个在干净环境中工作的液压系统中的尺寸>5μm 污染颗粒数的测试记录[6]。最初采用的滤芯的过滤精度为 25μm。在运行了 182h（小时）后，每 100mL 液压油中颗粒数为 2 百万（A）。换为 3μm 的滤芯，20min 后，颗粒数降为 2 万（B）。继续工作了约 300h 后，颗粒数降到 2500（C）。再换为 25μm 的滤芯，100h 后，颗粒数升到 80 万（D）。此记录清楚地表明

——采用高过滤精度的滤芯，效果卓然；

——污染颗粒大来自系统内部元件的磨损。

因为一般高过滤精度的滤芯较贵，也更容易堵塞，为了延长滤芯使用寿命，降低成本，也可以采用粗精过滤器组合，先粗再精。

平面型过滤网还可能清洗再用，深度型过滤材料是不能清洗再用的，堵塞了

就只好扔掉。而在油箱内流速较低处插入可吸附铁屑的磁性棒，定期取出擦拭干净后插入再用，不失为一个减少磁性污染颗粒价廉物美的辅助措施。

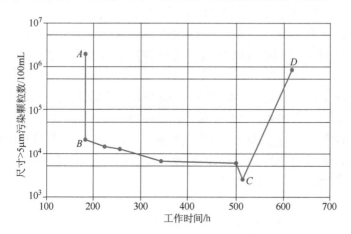

图 8-17　采用高过滤精度滤芯的效果

8.4　油箱

1. 功能

在液压系统中都设置有油箱，容积从零点几升至几万升。一般具有以下一些功能。

（1）平衡压力

液压系统工作时，系统内的油液体积总会发生变化（差动缸、热胀冷缩、外泄漏，等）。如果系统是完全封闭的，压力就会剧变。油箱盛放油液，直接或间接通大气（见图 8-18），就可保持系统进油和回油压力恒定。

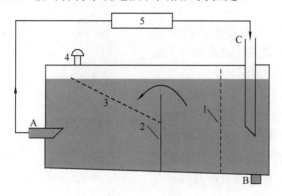

图 8-18　油箱

1—滤网　2—隔板　3—排气网　4—通气过滤器　5—液压系统　A—吸油口　B—放油口　C—回油口

为了减少空气中的水分、灰尘进入油液，油箱一般都制成封闭的，内外仅通过一个通气过滤器连通。

（2）便利油中的空气、水和固体杂质的分离

如果液压油在油箱里能有一定的停留时间，流动减慢了，那油中的水和固体杂质会因为比油重而沉淀到油箱底部，空气泡则能浮到液压油表面，分离出来。

（3）散热

液压系统工作时的能效，即液压缸的输出功率/原动机的输入功率，好的不过70%，差的甚至低于20%。这意味着，如果原动机输入100kW，损失功率可能会达到30~80kW。这绝大部分都转变成热量，进入油液。如果没有散热的话，每1kW功率每小时会使1000kg油液的温度上升2°C，50kW就是100°C。所以，对于液压系统，散热是一定需要的。

因为散热效果取决于散热面积。散热面积越大，散热量就越多。管道和其他液压元件的表面积毕竟比较小，油箱具有较大的面积，可以帮助散热。

2．容积

为了以上这些功能，油箱的容积是越大越好。但大了，就会比较笨重，制造成本也高。

关于油箱容积的确定，中外教科书都有推荐：把泵的每分钟流量乘以一个系数，固定设备取3~5，移动设备取1~2，飞行器取0.5~1。其实，这也是供没有经验的设计人员参考的，而非一定要遵循的。其实，思考一下，同样是液压，凭什么移动设备和飞行器的油箱就可以小些呢？就可以理解确定油箱容积的更高原则。

例如，通过附加真空油液处理装置，帮助油液中的水分与空气的排出；如果液压系统比较节能，产生的热量不多，或是附加了冷却器帮助散热，油箱就不需要很大。

3．辅件

1）液位计用于监视油箱内的液面高低，常常与油液温度计做成一体（见图8-19），称为液位液温计。

有些还带电发信开关：当液面低于一危险高度，不利于泵工作时，发出警报信号，或禁止泵起动。这也常被用于无人看护的持久性试验台：一旦液面低于某个设定高度，意味着大量漏油，立即停止试验。

2）散热仅依靠油箱还不够时，需

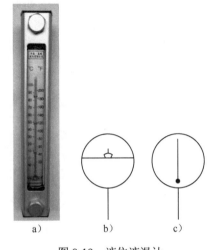

图8-19　液位液温计

a）照片　b）液位计图形符号　c）液温计图形符号

要使用冷却器。

一般冷却器都会给出名义散热功率。但这仅是一个参考值。实际散热功率还取决于油液与冷却介质的温差。温差越大，散热量就越多。所以，一般装在回油管道，因为那里通常油温最高，最有利于散热。

冷却器一般不耐压，所以，出口多直通油箱。

散热，散掉的其实就是驱动泵运转的电能或燃料，都是钱。所以，最好的措施还是减少液压系统的能量损失，也就是减少热的产生，详见 9.2 节。

鉴于液压系统工作时油温最好在一定范围内，太低也不好。所以，冷却器应带旁路阀，仅在油温超出上限时才工作。

冷却器分风冷、水冷两大类。散热需求大的一般都用水冷。

3）加热器：油液如果温度过低，黏度就会过高，不利于系统，尤其是泵的正常工作，此时需要加热。

较多见的是用电热管，装在油箱中靠近泵吸油口的位置。

因为液压系统本身运转之后也会产生热，所以，避免过热是非常重要的，特别是矿物油，过热会导致燃烧。所以，防过热设施必须十分可靠，通常同时并用两套。

常常把泵装在油箱上、油箱内或油箱旁边，与其他辅件组合在一起（见图 8-20），称作为泵站、动力单元、或动力站。

图 8-20　中型动力站实例

1—油箱　2—冷却器　3—高压过滤器　4—液面温度计　5—高压泵

8.5　蓄能器

蓄能器，顾名思义，是可以储存能量的装置。

蓄能器在液压技术中有下列用途。

1）减振，吸收冲击。

2）补充泄漏以保持压力。

3）用在液压缸只需要间歇动作，或短时间快速运动的系统中，作为辅助动力源。在液压缸不动作时储存泵排出的压力油供运动时用，从而采用较小的泵。

4）作为应急动力源。例如，西气东输工程中，大的天然气阀门随着输气管孤零零地呆在沙漠荒原里。也许几年不需要动，但一旦有需要，要保证能立刻动作，关闭管道。特地铺输电线代价太高，就使用液压蓄能器储能，需要时释放，推动阀门。

5）回收能量以便再利用，这点在当前关注节能时特别被青睐。

理论上，弹簧的弹力、重物的势能或动能也可被用来储能。但由于现代液压的工作压力甚高，功率相对较大，需要蓄能器在短时间内完成很大能量的储存与释放。所以，现在基本上都只用高压气体来储能。本书中，蓄能器皆特指气体蓄能器。

1. 作用原理

（1）工作过程

气体被压缩，压力会增加。一定量气体的体积与其压力大致成反比。

蓄能器就是利用了气体的这一特性。

蓄能器内的气体一般都是使用前预先充入的，达到一个预充气压力 p_0。这时，气体的体积 V_0 就是蓄能器的容积（见图 8-21a）。

液压油在压力低于 p_0 时，根本进不了蓄能器，蓄能器不起作用。

液压油只有在压力高于气体压力时，才能进入蓄能器。

随着压力油进入蓄能器，气体被压缩，压力也不断上升。

如果气体体积被压缩到一半（见图 8-21b），即 $V_1=V_0/2$，压力就增加一倍；$p_1=2p_0$。

如果气体体积被压缩到 1/4（见图 8-21c），即 $V_2=V_0/4$，压力就增加三倍；$p_2=4p_0$。

所以，液压油的压力也需要相应上升，才能不断进入。

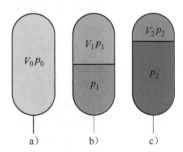

图 8-21　蓄能器工作原理

a）初始状态　b）气体被压缩

c）气体被进一步压缩

液压油的压力停止上升，也就不再能进入蓄能器。

进入蓄能器的液压油的体积永远不可能达到蓄能器的容积 V_0，因为这意味着气体体积必须为零，则气体的压力会无穷大。

气体和液压油的压力，就是储存的能量。

一旦油口的压力下降，气体就会把液压油挤出蓄能器。

液压油被全部挤出蓄能器后，气体的压力也就降到 p_0。

（2）安全标准

由于外壳耐压强度与安全性的考虑，任何蓄能器都有一个许用压力 p_4 的限制。

蓄能器一旦外壳破裂会发生爆炸，所以，属于要谨慎使用的产品，制造和使用都必须严格遵循相应的国标与国际标准。

为了避免燃烧，通常蓄能器中使用的气体都是氮气。

为避免气体进入液压油，气体与液压油必须隔离。有不同的隔离方式：气囊式、隔膜式和活塞式。

2. 气囊式蓄能器

气囊式蓄能器（见图 8-22），容积可以很大，目前市售的可达 450L，最高工作压力可达 100MPa。

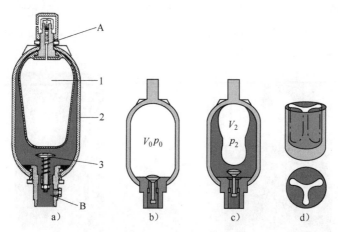

图 8-22　气囊式蓄能器

a）结构　b）初始状况　c）被压缩时　d）气囊被压缩后

1—气囊　2—外壳　3—启闭阀　A—气口　B—油口

最高工作压力与预充气压力之比，术语称压缩比。气囊式蓄能器的压缩比一般不超过 4。

由于磨损少，寿命长，气囊损坏的话可更换，因此目前应用最广。

3. 隔膜式蓄能器

隔膜式蓄能器大致如图 8-23 所示。

a）

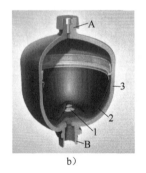

b）

图 8-23　隔膜式蓄能器

a）外形　b）内部结构

1—启闭阀　2—隔膜　3—外壳　A—气口　B—油口

工作容积一般在 0.07～5L，最高工作压力可达 35MPa 以上。

压缩比，一般不超过 8。

其动态响应特性一般较其他各类蓄能器高。

气囊式和隔膜式蓄能器，压缩比较低，主要是受气囊和隔膜变形能力的限制。

4. 活塞式蓄能器

活塞式蓄能器（见图 8-24）由于没有变形元件，压缩比理论上可以无限高，从而获得较高的能量密度。但实际上由于受外壳强度的限制，目前最高工作压力为 80MPa，容积最大为 1200L。

a）

b）

图 8-24　活塞式蓄能器（派克）

a）外形　b）内部结构

1—密封圈　2—活塞　A—气口　B—油口

因为对壳体内壁表面的粗糙度有很高的要求，所以制造成本较高。

由于密封会磨损，导致泄漏，所以必须定期检查。如果利用传感器从外部监测活塞位置，通过与压力相比，就可在线确定是否有漏气。

由于活塞的惯性一般相对较大，而且受到密封摩擦力的影响，因此动态响应性能稍差，且压力有滞回。

蓄能器要储存较多能量时相当重。因此，会对整机重量与元件布置带来不容忽视的影响。例如，据研发报告，20t 挖掘机动臂下降约有 280000J 的能量，欲全部回收的话，需要一个至少 50L 的蓄能器，重约 150kg。

目前正在研究如何减轻蓄能器。例如，采用高强度碳纤维缠绕技术（见图 8-25），可以降低壳体重量一半甚至十分之九。

但有些移动机械，本身就需要配重，如叉车、起重机等；有些不需要快速起动，如飞机牵引车等，蓄能器重些，问题就不大。

图 8-25　碳纤维缠绕蓄能器

生活经验，在用打气筒给自行车轮胎打气后，气筒会发热。这是因为，气体在被压缩时，不仅压力会上升，温度也会上升。而随着散热，温度下降，压力也会有所下降。所以，利用蓄能器储能，要获得较高的能效，还要注意保温措施。

第9章 液压回路
CHAPTER 9

一个企业，即使员工个体素质优秀，但如果没有恰当搭配，形成齐心协力的梯队，还是搞不好的。液压系统也是这样，不仅要有性能优良的液压元件，还要有恰当的液压回路，把元件最佳地组合在一起，才能得到优秀的液压系统。

所谓优秀的液压系统，大致反映在如下几方面。

1） 能够实现需要的动作。

2） 灵活可调，可适应不同的工况，例如不同的负载力、不同的运动需求。

3） 以较少的资源和投资成本获得同样的，甚至更多的功能。

4） 较低的运营成本，例如耗能少，维护修理容易，停工时间短等。

5） 可靠，即使个别元件失效，系统仍然能工作，不出事故。

由于液压元件的多样性，所以，组合成回路有无穷尽的可能性，本章仅能举很少一些例子。

9.1 差动回路

普通回路（见图 9-1a）中，活塞杆伸出的速度

$$v = \frac{输入流量 q}{活塞杆面积 A_A}$$

如果把有杆腔的出口与无杆腔的进口相连（见图 9-1b），那么，在伸出时由于有杆腔的液压油也进入无杆腔，所以可以获得较快的速度

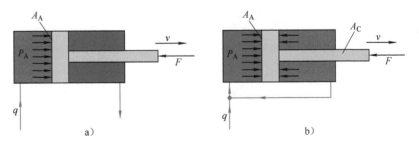

图 9-1　驱动差动缸活塞杆伸出

a）普通回路　b）差动回路

$$v = \frac{输入流量q}{活塞杆面积A_C}。$$

因为这时的实际有效作用面积 A_C 较小，所以，驱动压力 p_A 会升高，不再是 F/A_A，而是 F/A_C。

经常有这样的应用：最初，在负载力较低时，希望能快速伸出；在负载力增高后，可以慢些。为此，可以采用换向阀（见图 9-2）或压力阀切换：最初接成差动回路，在伸出过程中再切换成普通回路。详见参考文献[4]8.9 节。

在这里可以看到，相同的元件，仅仅连接方式改变，系统的性能就完全不同了。

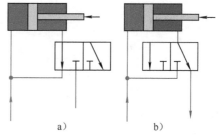

图 9-2　可切换回路

a）差动回路　b）普通回路

9.2　节流回路

液压缸的运动速度取决于进出的流量，因此，要控制运动速度，就必须调节进出液压缸的流量。

如果系统中采用的是定排量泵，而且转速固定，泵输出的流量不可调节，就必须专门设置其他阀，如流量阀（节流阀、二通流量阀等，以下图中以节流阀的图形符号代替各类流量阀）和溢流阀，迫使泵输出的部分流量旁路，从而减少进入液压缸的流量。这种用阀来控制速度的回路被称为阀控回路，也称节流回路。有进口节流、出口节流、进出口节流、旁路节流等几类。

1. 进口节流

流量阀设置在液压缸进口（见图 9-3），限制进入液压缸的流量，即限制"加油"。

（1）工作原理

溢流阀的开启压力 p_Y 是预先设定、固定不变的，而且必须高于最大负载力对应的负载压力。

流量阀通过节流，迫使泵出口的压力 p_P 升高至溢流阀开启。此时，p_P 就是溢流阀的开启压力 p_Y。

这样，泵排出的流量 q_P 中一部分 q_Y 通过溢流阀直接回油箱，只有剩余部分 q_A 进入液压缸。

流量阀的节流口开得越大，从溢流阀流出的 q_Y 就越少，进入液压缸的 q_A 就越多，液压缸运动就越快。直到泵排出的液压油全部进入液压缸后，再增大节流口，也不可能提高液压缸运动速度。

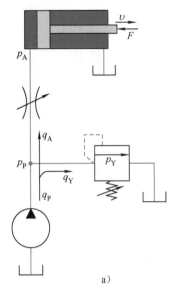

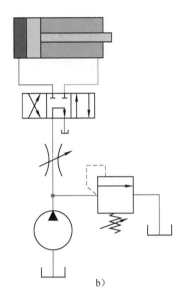

图 9-3　进口节流

a）原理图　b）实用回路

如已述及，如果进入液压缸的流量突然增加，会引起液压缸运动突跳。如果能让流量阀（比如说，电比例阀）的节流口逐渐开大，使通过流量阀的流量逐渐增加，就可以减缓乃至避免突跳。

（2）能耗分析

如 4.3 节中已述及，液压传动的功率是压力×流量。所以，图 9-4 中绿色部分的面积 I，液压油在液压缸进口处的压力 p_A×进入液压缸的流量 q_A，就可以代表输入液压缸的功率，即做功功率。

图中橙色部分的面积 II，消耗在流量阀的压降（p_P-p_A）×通过流量阀的流量 q_A，就可以代表消耗在流量阀的功率。

红色部分的面积，溢流阀进口的压力 p_P×通过溢流阀的流量 q_Y，即可以代表消耗在溢流阀的功率。

这三块合在一起的面积，$p_P×q_P$，就可以代表泵输出的总功率。

因为，

$$系统的能效 = \frac{做功功率}{总功率}$$

$$= \frac{面积\ I}{面积\ I+II+III}$$

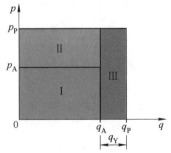

图 9-4　进口节流的能耗分析

I—做功功率　II—消耗在流量阀上的功率
III—消耗在溢流阀上的功率

所以，从上图也可以看出，p_A、q_A 越小，系统的能效越低。

（3）局限性

1）因为进口节流只限制"加油"，不限制"放油"，所以，如果在伸出过程中受到负负载力，即受到往外拉的力时，液压缸的运动速度就不受流量阀限制。

2）因为通过流量阀时消耗掉的压力会全部转化成热，所以，进入液压缸的液压油会比较热。

2. 出口节流

如果把流量阀设置在液压缸出口（见图 9-5），限制"放油"，则不仅在受到一定正负载力时，而且在受到负负载力时，可限制液压缸速度。

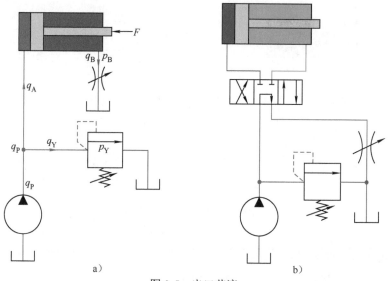

图 9-5　出口节流

a）原理图　b）实用回路

进入液压缸的液压油，因为没有经过流量阀，所以，油温较进口节流低。

各部分的能耗如图 9-6 所示。

与进口节流类似，这三块合在一起的面积，$p_P \times q_P$，可以代表泵输出的总功率。从此图也可以看到，p_B 越高，q_A 越小，系统的能效越低。

3. 进出口节流

如果进出口都节流（见图 9-7a），既限制"加油"，也限制"放油"，那么在较大范围的正负负载力时，都可限制液压缸的运动速度。因此，是用得最普遍的回路。

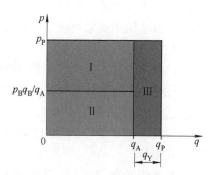

图 9-6　出口节流能耗分析

Ⅰ—做功功率　Ⅱ—消耗在流量阀上的功率

Ⅲ—消耗在溢流阀上的功率

 白话液压

一般都采用**换向节流阀**（见图 9-7b）。但因为限制进出流量的节流槽都做在同一根阀芯上（参见图 5-26c），所以，在阀芯移动时，进出节流口的面积同时在变，同时影响液压缸两腔的压力。这个影响又与液压缸尺寸、负载力的大小方向密切相关，因此是大有讲究的。要使阀的精微调节性能达到满意，往往需要反复尝试，多次改进。详见参考文献[2]5.4 节。

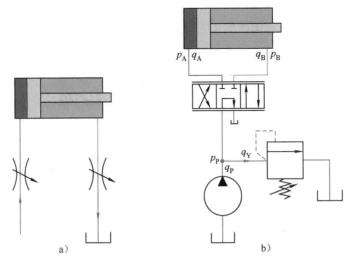

图 9-7　进出口同时节流

a）原理图　b）实用回路

各部分的能耗如图 9-8 所示。

以上这些回路，不管**实际负载压力**多高，泵出口的**压力**都是固定的，多余的流量必须以**溢流压力**通过溢流阀返回油箱，造成能量浪费。这从能效角度来看是很不利的。

4. 旁路节流

流量阀设置在**旁路**（见图 9-9）。

这样，在液压缸受到正负载力时，泵出口的压力 p_P 就是**负载压力** $p_A = F/A_A$。

泵排出的一部分流量 q_J 会通过流量阀**直接回油箱**。

开大流量阀，流量 q_J 就会更大，进入液压缸的流量 q_A 就会更小，液压缸运动就会更慢。

各部分的能耗如图 9-10 所示。

在图 9-9b 所示回路中，溢流阀只是作为安全阀，平时没有液流通过。泵出口

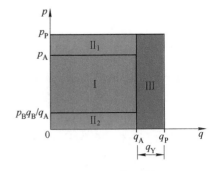

图 9-8　能耗分析

Ⅰ—做功功率　Ⅱ—消耗在流量阀上的功率
Ⅲ—消耗在溢流阀上的功率

122

的压力随负载压力而变，被称为压力适应回路。较前几种回路节能。

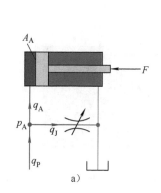

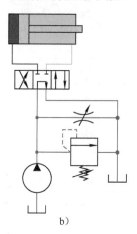

图 9-9　旁路节流

a）原理图　b）实用回路

局限性，不能承受负负载力：如果在伸出过程中，受到往外拉的力，液压缸运动就会不受控制。

5. 采用恒压变量泵的回路

以上这些回路，不管实际需要流量多大，泵排出的流量都是固定的，多余的流量返回油箱，带来能量浪费。如果液压源采用恒压变量泵（见图 9-11），泵出口压力保持固定，排出的流量能根据需求而变，就可避免多排出的流量造成的能量浪费。这种回路被归于流量适应回路。但由

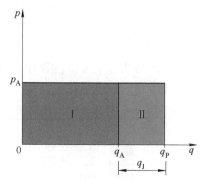

图 9-10　能耗分析

Ⅰ—做功功率　　Ⅱ—消耗在流量阀上的功率

于泵出口压力必须高于最高负载压力，所以还是有一些能量浪费的（见图 9-12）。

以上各回路中，如果设置的流量阀是节流阀，或换向节流阀，则实际通过阀的流量也受负载压力影响。因此，在负载压力改变时，液压缸的运动速度也会随着改变。

如果采用含压差平衡元件的流量阀，例如二通流量阀或三通流量阀等，通过的流量可以一定程度不受负载压力影响，那么液压缸的运动速度也可以一定程度保持恒定。

节流回路结构简单，投资成本较低，因此，在中小流量系统中目前还是最普遍使用的。但功率损失较多，因此运营成本较高，特别是在工作流量较大时。

那有没有更节能的回路呢？

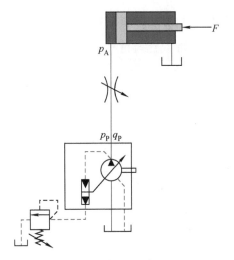

图 9-11 采用恒压变量泵

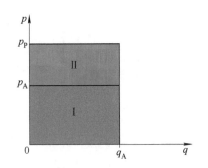

图 9-12 采用恒压变量泵时的能耗分析

Ⅰ—做功功率 Ⅱ—消耗在节流口上的功率

9.3 闭式容积控制回路

1. 容积控制回路

在 9.2 节讲述的节流回路中，泵排出的压力油要全部或部分地经过流量阀，所以造成了相当的能量损失。如果泵排出的压力油不经过流量阀，完全而且直接进入执行器（见图 9-13），就可避免这部分能量损失。这种回路被称为容积控制回路。

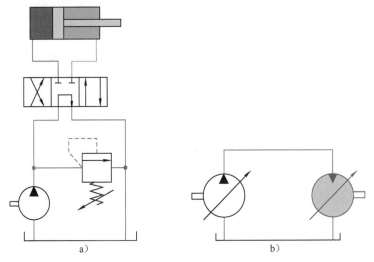

图 9-13 容积控制回路

a）控制液压缸 b）控制马达

采用输出流量可调的液压泵就可调节液压执行器的速度（见图 9-13b），因此，这种回路被称为泵控回路。

2. 闭式回路

至此所介绍的都是所谓开式回路，即回路是敞开的，液压泵的进口与液压缸的出口都与油箱连通，依靠油箱来补偿平衡管路系统及液压缸中液压油的体积变化。

开式回路有以下不足之处。

1）如果液压缸的出口直接与油箱连通，就不能承受负负载力。为此，常在回油管进油箱前加一些元件，如单向阀、过滤器、冷却器，但增加的阻力有限。如果安装流量阀等，又会带来较大的能量损耗。

2）泵的吸油区压力较低，对泵的工作不利，空气也容易混入油液。

如果把液压执行器的出口直接与液压泵的进口连通（见图 9-14），泵输出的液压油经过液压执行器后，又回到泵的进口，由泵吸入并再度排出，形成一个闭式循环，这就是闭式回路。

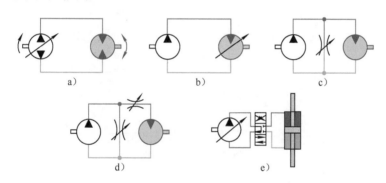

图 9-14 不同形式的闭式回路

a）泵变量 b）马达变量 c）定量泵带旁路流量阀 d）定量泵带旁路、进口流量阀 e）驱动液压缸

（1）闭式回路的优点

1）闭式回路的回油路可以带一定压力，有利于泵的工作。

例如，有些同类型的泵，其最高转速，在进口有压力时，可高于无压力时的 1/3。这样，使用排量较小、体积较小的泵，可以得到相同的流量。这对移动机械特别有利。

2）闭式回路可以承受相当的负负载。此时，马达成为泵，输出压力油。

3）在闭式回路中，只要液压源能双向输出液压油，无须换向阀，液压执行器就可以双向运动（见图 9-14a）。

4）在闭式回路的基础上可进一步回收能量。此时，泵成为马达，输出能量。

——可以带动同轴的其他液压泵，减少对发动机的功率需求；

——如果原动机是电动机的话，还可以转变为发电机，把能量反输给电网。

（2）闭式回路系统的局限性

1）虽然理论上也可以在回路中加流量阀（见图 9-14c、d），但由于闭式回路中液压执行器的出口直接与液压泵的进口相连，不连通油箱，参与工作的液压油体积较小，热容量较小，油温容易波动。所以，闭式回路中一般不用发热较多的节流回路，只用发热较少的容积控制回路。

2）实际应用的闭式回路中，由于摩擦力等因素，油多少还是会发热的。所以，一般都需要根据实际情况，附加压入冷油、排出热油措施。

3）如果液压缸两侧的作用面积不等，如差动缸，还必须有平衡进出液压泵流量的措施（见图 9-15）。因此，这种回路也被称为半闭式回路。

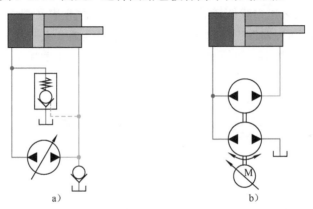

图 9-15　一些差动缸闭式回路原理

a）用单向阀　b）用双联泵

详见参考文献[2]第 11 章。

这类回路投资高些，因此迄今为止，尚不多见应用。但由于其节能，越来越受到重视。美国卡特比勒公司在 2011 年推出的一台挖掘机样机中就采用了这种回路。据称，发动机装机容量降低了一半，燃料消耗减少了 54%。

9.4　多泵回路

前面所介绍的回路都是用单泵供油的，其实，在实际应用中，用多泵供油也很常见，有多种形式。

1. 多个流量相同的定量泵并联

如果把多个耐压等级相同的定量泵并联（见图 9-16），根据需要流量的大小决定起动泵的个数，也可算作流量适应回路，节能！如果逐个激活，还可减小起动冲击。

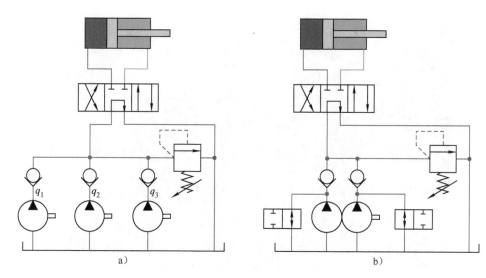

图 9-16 多个定量泵并联使用

a）由多个原动机驱动 b）由一个原动机驱动

这种回路有以下特点。

1）可以实现冗余，保证持续工作。

例如，冶金行业常见的"2 用 1 备"。虽说正常工作只需要两个泵，但安装 3 个泵，且都保持在能工作的状态；任何一个泵需要停下来检修时，备用的就可以顶上去。

有些应用场合，采用多泵组合的话，即使有个别泵不工作了，可以利用剩余的还能工作的泵进行最重要的工作，虽然工作效率低些，也不至于导致整机停工。这对许多行走部分由液压驱动的移动设备特别有价值：即便慢慢走，也总比完全动不了，需要其他车辆来拖好些。

2）可以充分利用原动机功率。

例如，装载机，一个发动机带双泵，如图 9-16b 所示。

——在举升时，负载压力不很大，使用双泵同时供油，可以获得较高的速度；

——在推进时，负载压力大，就让一个泵旁路，可以避免发动机过载。

3）有时，需求的流量很大，根本没有一个泵能满足，也必须采用多泵。

图 9-17 所示为一台 15 万吨型材挤压机的泵站，由 13 个泵组成。在最大流量需求时，12 个就够了，1 个为备用。

2. 流量不同的定量泵组合

如果各泵的输出流量不同，组合起来可以形成很多级不同的流量。比如说，图 9-16a 中，如果 $q_3=2q_2=4q_1$，则通过不同组合，可以得到，从 q_1 至 $7q_1$ 的 7 级流量。如此，n 个泵可以形成 2^n-1 个流量等级，可以在某些场合代替变量泵。

图 9-17　多泵驱动液压站（力士乐）

3. 高低压泵组合

在很多应用场合，例如锻机、压机、注塑机等，快进时需要大流量，但负载压力不高，而在高负载压力时需要的流量很小。如果采用低压大流量高压小流量泵组合（见图 9-18）：

——在负载压力低时，两泵并用；

——负载压力高时，自动开启外控低压溢流阀 3，让低压泵 1 卸荷。

这样就可以采用较小的电动机或内燃机。既减少能耗，又降低投资费用。

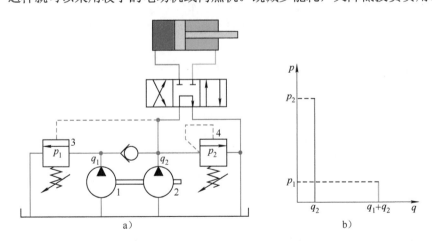

图 9-18　低压大流量+高压小流量泵

a）回路　b）可提供的压力、流量

1—低压大流量泵　2—高压小流量泵　3—外控低压溢流阀　4—高压安全阀

这两个泵既可以是双联泵，也可以是两台单联泵分别安装在一台双出轴电动机的两端。

详见参考文献[2]第 13 章。

9.5　多缸回路

以上所介绍的是围绕驱动单个液压缸，其实，机械设备中常常需要驱动多个液压缸。例如，挖掘机至少有 6 个，多者超过 8 个。

如果为每个液压缸都配备一个液压泵（见图9-19），那么各个泵出口的压力由各自对应的液压缸的负载压力决定，相互之间不会发生流量干扰，也比较节能。但投资较高，体积也较大，对安装空间有限的移动设备，有时难以接受。

如果把这些液压缸简单地并联在一起，共用一个泵来驱动（见图 9-20a），就可能出现相互干扰。因为液压油是很懒的，总是流向压力低的地方。不仅泵排出的油会全部流向负载压力低的缸，甚至，负载压力高的缸中的压力油也会倒流出来。因此，必须采用流量阀，如节流阀（见图 9-20b），或换向节流阀等来增加压降，从而分配流向各个液压缸的流量。

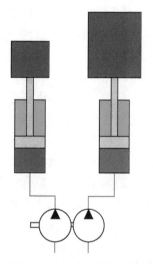

图 9-19　多泵驱动多缸原理

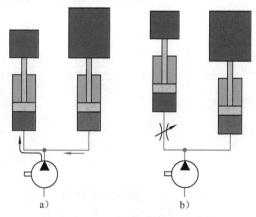

图 9-20　单泵驱动多缸原理

a）直接连接　b）用节流口来增加压降

因为泵出口的压力总是要超过最高的负载压力。因此，对于负载压力较低的通道，实际上是把高出的那部分压力消耗掉。所以，不够节能，尤其是在各个液

压缸的负载压力相差较大时。

单泵驱动多缸，在工程机械上特别普遍。围绕着可操作性和经济性，出现了很多不同的回路。根据是否含压差平衡元件，大体可分两类。含压差平衡元件的被称为负载敏感回路。详见参考文献[2]第9、10章。

9.6 闭环控制回路

如已述及，在液压系统中存在大量的不确定性，如负载力、液压油的黏度、液流的压力损失、泵的输出流量、溢流阀限制的压力、通过节流口的流量、各类阀的滞回，等等，都会随不同环境、工况而变，油液污染更会加大不确定性。所以，光是依靠理论计算，预先给流量阀设定一个值，就像蒙着眼走路那样，术语称开环控制，很难保证液压缸在各种工况都准确地实现需要的速度，在希望的时间达到希望的位置。

一种改善途径就是人工控制，由操作者时刻关注实际运动情况，通过操作手柄，不断调整流量阀。

但人工操作，总有疲乏疏忽，以及反应跟不上的情况。例如，火箭高速飞行，人看不到，根本来不及调节。此外还有人工费用、劳力短缺等问题。

另一种解决途径就是用仪表控制来代替人工控制（见图 9-21）。在负载上安装传感器，持续地把负载的实际位置告诉控制器，术语称反馈。控制器把希望位置与反馈来的实际位置的差，经过处理，转化为控制信号，持续地调节流量阀。这种控制，术语称闭环控制。

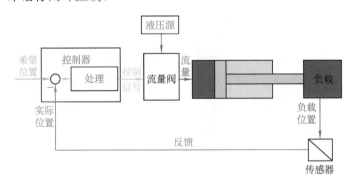

图 9-21 闭环位置调节系统示意图

负载位置的反馈也可以是机械的、液压的，各有其特点，但现在用得最普遍的还是电的。

在闭环控制中，要准确地控制速度和位置，非常重要的是传感器的准确性和快速响应性，其次是流量阀的快速响应性（动态响应特性）。

通过闭环控制可以实现自动化，因此，在机械、化工、航空航天等领域中被普遍应用。

9.7　能量回收与利用

这是目前很热门的研发课题。

负载在高处，有势能。负载下降时，这个势能要处理掉。负载在运动，有动能。负载减速时，这个动能也需要处理掉。

势能，或动能，就是机械能。要处理掉这一能量，原则上来说，有两种途径：消耗掉，或回收。

消耗是比较简单的途径，投资也少。而回收，一般都要多投资一些，有时还不是一个小数目。但从长远来说，可以降低运营费用，对环保也有益。所以，在决定走哪条途径前，应该先估算一下，可回收能量有多少，是否值得投资回收，不应盲目赶热闹。

要回收的话，先要考虑怎么转化，还要考虑储存、再利用的问题，有多条能量回收的途径（见图 9-22）。

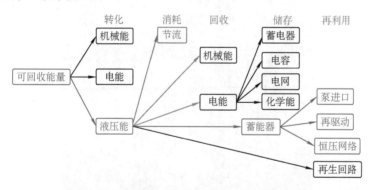

图 9-22　能量回收的途径

1．转化

例如，绞车同时串联飞轮，或在重物下降时，同时提升一平衡重量块。这就是转化为机械能。机械式垂直升降电梯普遍使用这种方式。但由于结构限制，这种方式的应用场合十分有限。

或是绞车同时串联一台发电机，带动发电机发电。

当负载力作用于液压缸时，实际上就是转化为液压能了。这之后，就要考虑怎么处理了：消耗，还是回收。

2．消耗

这是目前普遍应用的方法。用平衡阀、多路阀、流量阀等节流的方式，消耗

掉这部分能量——转化为热能。回路简单，但会使油温升高，有时还要额外再消耗能量来降低油温。

3. 回收

理论上有以下途径。

1）利用液压能驱动马达，转化为机械能后再储存再转换。回路结构较复杂，成本较高，因此少见。

2）利用液压能驱动马达，再带动发电机，转化成电能。

3）回收液压能，用蓄能器是最简单的（见图9-23），安装位置很灵活，同时也解决了储存问题。

图9-23　起重机回收动臂势能（IFPE2014，美国拉斯维加斯）

1—活塞式蓄能器

4. 储存

理论上有几种途径。

（1）机械能

比如说，利用飞轮。

（2）电能

1）蓄电池的能量密度较高，即与同样重量液压蓄能器相比，可储存的能量较多。但功率密度较低，充放电速度远低于液压蓄能器充放液压油。随着电动汽车的日益增多，蓄电池技术会改进，充放电速度也会提高，但什么时候能超过液压蓄能器，还很难说。

2）超级电容的充放电速度高于蓄电池，也可用于回收储存能量，2010 年曾在上海世博会上亮过相，但目前尚未见推广。

3）反输回电网。一般总认为电网有成千上万的用户，总有人需要。多余电能调平储存的任务推给了电网管理者。

4）转化成化学能的方式储存。例如，电解水获取氢气，氢气可供燃料电池用。但这同样有功率密度的问题。

5. 再利用

液压能的再利用，目前已提出了如下几种方式。

1）在适当的时候，把蓄能器的压力油送到泵的进口，可降低电动机驱动泵需耗费的电能。

2）用储存在蓄能器中的压力油再驱动另一个需要压力较低的液压缸。

但是，蓄能器内的压力，随排出的液压油的体积成指数曲线下降。所以，单使用蓄能器很难调节流量，一般还需要结合一个流量阀，但这又会耗费掉一些能量。

3）利用液压变压器，把能量反输入恒压网络，供其他执行器使用。详见参考文献[2]第 12.4 节。

4）在活塞杆有负负载力缩回时，例如，挖掘机的动臂下降时，把有杆腔与无杆腔相连（见图 9-24）。无杆腔中的压力油，原本全部回油箱，现在部分进入有杆腔。因此，被称为再生回路。这样，有杆腔不再瓜分泵提供的流量，回收了一些流量，但回收的能量并不多。

此回路看似与 9.1 节所述差动回路相同，但实际工况完全不同。差动回路是用在活塞杆伸出时，再生回路是用在活塞杆收回时。

再生回路的回路简易，连蓄能器都不用，因此投资成本不高。

从上述可见，能量回收，可能性很多。但不管哪种方法，与用阀消耗相比，系统都要复杂，投资成本都要高。所以，还是要考虑综合效益，兼顾投资成本和运营成本。

只有在某个场合比较适宜的方式，没有放之四海皆优的方式。

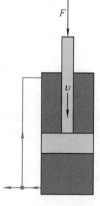

图 9-24 再生回路

第10章
CHAPTER 10

液压驱动+电控

液压元件组装成液压系统后，可以动作了。但什么时候该哪些元件动，动多少，就需要控制。液压控制可分两大类：手控和电控。

手控，指的是由操作员通过操纵杆或脚踏板直接控制液压阀。

电控，以前，在动作还很简单时，可以由操作员通过按钮、开关等，或附加一些继电器，直接操作液压阀。但随着动作越来越多，越来越复杂，按钮开关加继电器就不够应付了。

在1974年，德国一个小公司研发出了基于计算机技术的PLC（可编程逻辑控制器），可用于控制液压系统。随着大规模集成电路技术、计算机技术、软件技术等的发展，功能扩展，性能改善，价格下降，液压驱动采用计算机控制越来越广泛了。所以，现在，电控实际上就是"计算机控制"。本书将"计算机控制"简称为"电控"。

液压技术能提供强大的驱动力，但不能处理复杂的控制。而在计算机和软件科学基础上建立起来的现代人工智能，已能处理极其复杂的控制问题。计算机与人对弈，继在国际象棋之后，在2016年又在下围棋时战胜了人。与这些相比，处理液压控制，实在是小菜一碟，太简单了。

如果把液压驱动比作是人的肌肉，那么，计算机就可比作大脑和神经。所以，液压驱动结合计算机控制就可以有力而灵活，是最佳的组合。

以下把"液压驱动+计算机控制"简称为液驱电控。

10.1　为什么液驱要电控

1）随着时代的变化，愿意在恶劣环境中从事体力劳动的操作工越来越难找了。而液驱电控可以降低操作员操作时的体力、脑力劳动强度，改善工作环境。

2）机械自动化，说白了，就是用计算机控制机械。所以，电控是液驱实现自动化的唯一途径。

3）实现电控以后，可以不断地把经验补充固化入控制程序中，从而提高操作友好性，避免误操作带来的危险，简化操作员的学习内容，缩短培训期。例如，由于操作挖掘机时，常需要同时协调地控制多个液压阀，才能完成任务。所以，目前挖掘机手的培训往往需要几个月甚至更长。如果电控的话，计算机可以轻易地同时控制多个阀，高效地完成任务，只要预先准备好恰当的控制程序。这样操作员的培训时间就可大大缩短。

4）只有电控，才能发挥计算机的智能，实现灵活、复杂的控制逻辑，适应不同的，变化的需求。

5）电控，可以帮助节能。

6）电控，可以监控、显示系统状况。

7）电控可以实现故障时自动切换。还可以根据问题的早期信息，预测故障，做到有计划维修。

8）应用了电控，在进一步增添了联网能力以后，距离就不是障碍了，就可以实现远距离的故障诊断与分析，甚至操作。

等等，好处多多！

电控在固定液压中应用较早，在移动液压中开始较迟。原因：一，由于移动液压的工作环境对电子产品而言，相对恶劣；二，电子控制器的价格较高。但现在，随着电子技术的发展，这两个因素的影响已大大减弱了。所以，现在，在欧美，移动液压已全面采用了电控，国内的各类移动机械设备制造厂也正在加紧向该方向努力。

10.2　电控系统简介

1. 电控系统的构造

电控系统由输入元件、输出元件和控制计算机构成（见图 10-1）。

（1）输入元件

输入元件输出的信号有开关型、模拟型、脉冲型和数字型等。

图 10-1　电控系统构造示意

开关型信号，正常情况下只有两种状态，开或者关，或称只取两个值，比方说 0V 和 10V。所有中间值都是不正常的。

模拟型信号可以在约定范围内取任意值。比方说，温度传感器，工作范围 0～100℃，输出信号 0～10V。0V 表示 0℃，10V 表示 100℃，3.7V 表示 37℃，等等。车辆转向盘、油门输出的都是模拟型信号。

脉冲型信号大致如图 10-2 所

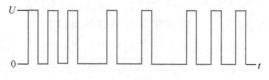

图 10-2　脉冲型信号示意

示。这种信号，关注的不是脉冲的峰值，而是其个数。例如博物馆入口计数器，走过一个人，就发出一个脉冲。统计共收到多少脉冲，就可知道走过多少人。

数字型信号（见图 10-3），利用一串频率固定，分别代表 0 和 1 的脉冲，传输二进制编码的数。抗干扰性很强，是现代计算机技术的基石，详见参考文献[28]。所以，越来越多地被用来传输信息。

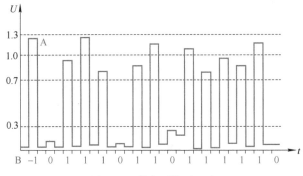

图 10-3　数字型信号示意

液压系统中应用的输入元件可分为两大类。

1）指令器，如开关、按钮、电位器、操作手柄等（见图 10-4）。操作员可用以发出控制信号。

一般，开关、按钮输出的是开关型信号，而电位器、操作手柄等输出的是模拟型信号。

2）传感器，可以在系统工作过程中，自动反映负载位置、回路压力等的状况。

传感器输出的信号多为模拟型、数字型。

（2）输出元件

液压系统中应用的输出元件可分为两大类。

1）动力控制元件，如电磁（电液）开关阀、电比例阀、伺服阀等电液转换元件。

2）指示元件，如指示灯、报警器等。

输出元件接受的电信号也有开关型、模拟型、PWM（脉宽调制）型、脉冲型和数字型等之分。一般都需要有一定的功率。

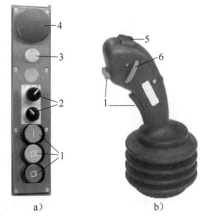

图 10-4　一些指令器和指示灯
a）按钮板　b）操作手柄

1—按钮　2—旋转开关　3—指示灯
4—急停按钮　5—开关　6—旋钮

电磁（电液）开关阀接受开关型信号，伺服阀接受模拟型信号。

PWM 型信号是一串频率固定宽窄不一的方波（见图 10-5）。宽度越宽，信号越强。电比例阀一般都接受 PWM 型信号。

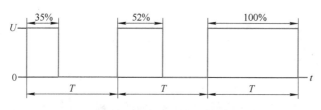

图 10-5 PWM 型信号示意

（3）控制计算机

控制计算机，根据规模和应用场合，有很多种类型和称呼：微处理器、单片机、工控机、PLC，等等。都以微处理器 CPU 为核心，没有本质性的差别。在液压控制中用得最广泛的是 PLC（见图 10-6）。所以，以下即以 PLC 为例。

a)

b)

c)

图 10-6 不同类型的 PLC

a）袖珍型、小型 b）可扩充型 c）装入电气柜型

2. PLC 的基本组成

PLC 的构造大致如图 10-7 所示，由下列部分组成。

（1）CPU

CPU（Central Processing Unit 中央处理器），也被称为微处理器、核，是 PLC 的核心。

CPU 与 PLC 内部其他元件一般通过内部总线交换信息。内部总线，是由多根导线并行组成的通信干线。可比作传递信息的高速公路：越宽，能同时传输的信

息越多。最早是 8 位的，现在已普遍是 16 位、32 位，甚至 64 位。CPU 的工作频率现在已可达到 20 亿 Hz，为高速运算提供了基础。

图 10-7　PLC 构造示意

（2）输入口

可接受多种类型的输入信号，如开关型信号、模拟型信号、脉冲型信号等。

一般装有光电耦合元件，起电隔离作用，防止外来的强干扰窜入娇嫩的内部电子回路。

还有把模拟信号转化为数字信号的 A/D 转化元件，脉冲计数元件等等。

（3）输出口

CPU 的输出信号很微弱，而驱动输出元件都需要相当的功率。所以，在输出口配备有不同特性、相应功率的电子功率放大器件。例如，把数字信号转化为模拟信号的 D/A 元件，产生可用以控制电比例阀的 PWM 信号的电路，等等。

输入输出口的数量、类型和能力也是衡量 PLC 性能的重要指标。

（4）内存

内存用于 PLC 实际运行时程序、数据的临时存储。其中存储的内容可由 CPU 改写，在断电后便消失。

（5）外存

外存用于储存操作系统、控制程序、参数等，其中存储的内容在断电后不会消失。

（6）操作系统

操作系统是软件，确定了一些基本的、通用的功能过程，类似苹果手机采用的 iOS，很多智能手机采用的安卓 Android。操作系统也是 PLC 不可缺少的。

（7）控制程序

控制程序与智能手机中的应用程序 App 相似。相同的 PLC，配上了不同的控制程序，就可进行不同的控制。

以上是 PLC 最基本，必不可少的部分。功能强的 PLC 还配有一些功能增强元件。

（8）功能增强元件

1）按键，供调试员、操作者修改参数，优化操作用。

2）显示屏，可展示当前的输入输出状况、错误信息等，对调试员、操作者极为方便。越来越多的 PLC 使用了像智能手机一样的可触摸屏，用以直接输入信号，就不需要按键了。

3）总线口供连接控制总线用。所谓控制总线，只需要两根导线，就可以成组地输入输出几百个乃至几千个信号，与多个控制对象相连，大大减少接线的工作量。

通过总线，PLC 可与其他控制器、其他 PLC、上位计算机，甚至企业的管理计算机相连，交换信息。

现在，越来越多的 PLC 配备了联网功能，有线，甚至无线，WiFi、蓝牙、NFC 等功能都已不再稀罕。

3. 液驱电控的实现过程

液驱电控的实现过程大致如图 10-8 所示。

（1）确定输入元件、输出元件

根据要控制的液压系统的输入元件和输出元件的信号类型，分配相应的输入输出口。

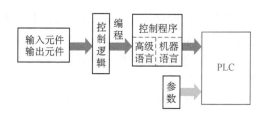

图 10-8　液驱电控的实现过程

（2）确定控制逻辑

控制逻辑，指的是，对需要的控制动作的描述：在什么时候、什么输入信号下，开启关闭哪个控制对象。

例如：如果仅有按钮 1 被按下了，就开启阀 A；如果按钮 1 和 2 都被按下，则关闭阀 B；诸如此类。

这通常是由主机设计师和液压系统设计师，基于对需要的主机性能的深刻理解而用软件工程师可理解的方式，如文字、信号流程图等，有时候也辅以语言、手势表述的。这需要主机设计师与软件工程师有共同语言，相互理解，才能达到较好的配合。

（3）编制控制程序

软件工程师把已确定的控制逻辑用某种形式的计算机语言，也称高级语言，例如，Step5、C 语言，还有梯形图等，转化为专业人员能看懂的控制程序。这一过程，常简称为编程。

控制程序还要再进一步转化成，人很难看懂，但计算机处理器能执行的形式，即所谓机器语言，输入 PLC。

（4）设置参数

在控制程序中一般还可以设置参数：举例来说，如果参数 A 等于 1，则开启阀 A，如果参数 A 等于 2，则开启阀 B。

根据情况，参数可由设备调试员、售后维修员，甚至使用者修改，因此就比较灵活，从而使设备具有更强的适应性。这也有点像手机，都备有通讯录，使用者自己决定，输入哪些联系人。

有些对运行性能，特别是安全特性影响很大，不可随便改动的参数，则可通过加密码保护。

PLC 可以在硬件状况不变的情况下，改变控制程序和参数，因此适应性很强。

（5）**PLC 的工作过程**

PLC 得电后，会像智能手机一样，根据操作系统的指令，先花一段时间检查内存、输入口、输出口是否正常，然后从外存中读入控制程序和参数（见图 10-9）。

进入控制工作状态后，先从输入口读入输入信号的状况，放在输入区。

然后根据控制程序，确定输出信号应该的状况，放到输出区。

在整个控制程序走完以后，把输出区的值送到输出口。

这一过程一般需要几个到几十个毫秒。

然后重新开始读输入信号的状况，周而复始，不知疲倦，差错率极低极低。

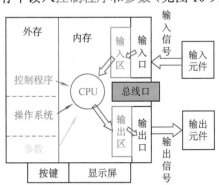

图 10-9　PLC 工作过程示意

10.3　液驱电控的三级水平

液驱电控的形式多种多样。从控制角度，按实现的难度，大体可分以下三级水平。

1. 初级：开环开关量控制

这时，要控制的电液转换元件是电磁（电液）开关阀。PLC，按照预定的控制逻辑，输出的都是开关信号。程序相对简单些。

必须解决的技术问题是可靠性。

（1）硬件

输入信号要避免外来干扰。

从指令器、传感器来的信号可能有干扰错误，要有措施尽可能识别，避免误动作。

电器最怕水。控制器不仅要防止外来异物、水进入，外包装防护等级一般要达到 IP65 以上；还要避免内部产生冷凝水。

要根据安全标准确定安全等级，并切实做到。

（2）软件

控制程序是液驱电控的一个非常重要的组成部分。

已经证明，程序中的错误是不可能通过数学方法完全排除的。手机程序不断更新，部分原因也在于此。但应该有减少编程错误的措施，例如，程序模块化，附加详尽而精确的说明。并要有措施，尽可能地在公开发布前发现程序的错误，例如通过大量的系统性的测试。

控制程序的版本编号、修改、检验、发布、建档、培训，等等，都马虎不得，要在一开始就建立一个完整的规章，并不断补充完善。

2. 中级：开环比例控制

这时，要控制的电液转换元件，不仅有电磁开关阀，还有电比例阀、伺服阀等，为此，PLC 的输出口要具有相应的输出功能。例如，控制电比例阀，需要输出 PWM 信号；控制伺服阀，要输出模拟（电压、电流）信号。

因为 PLC 要输出模拟量，所以，还要有相应的辅助功能，如，增益可调，越过死区，非线性校正等。

在这个水平，追求的是控制的准确性。

可能遇到的技术难点：被控元件有滞回（滞环）、死区、非线性、不重复性、滞后（动态特性）、温漂，输出线抗干扰等。

3. 高级：闭环控制

这时 PLC 也要接收从传感器来的模拟量信号：位置、压力等。不仅要按照预定的控制逻辑，输出控制指令，还要根据传感器反馈回来的实际状况，调整输出量。

需要控制的输出元件除前述外一般还有高频响的控制阀。

在这个水平，追求的是被控制量对希望量的快速响应性。控制程序更复杂，难度更高。

可能遇到的技术难点：响应速度不够，反馈引起振荡（不稳定）。

所以，应该尽可能从初级水平开始，逐级提升。想一步登峰，往往欲速不达。

10.4　状况监测和综合效益

在 20 世纪 70 年代，欧美工业先进国家从机械（mechanic）和电子（electronic）两英语词中各取一半，拼凑出了一个新词 mechatronic，国内译为机电一体化，以强调机械与电子技术紧密结合的重要性。

21 世纪初又把液压 hydraulic 和电子 electronic 两词拼凑在一起，造了一个新词 hytronic，可译为液电一体化，以强调"液压+传感器+电控"，也即本章所述的液驱电控。

近年来，欧美为了强调电控要追求更高级的水平，不仅是液驱的电控，而是整个系统的综合电控，又用系统 system 和电子 electronic 两词拼出了 sytronix 系统电子化。其中目前比较重要的进展是状况监测与综合效益。

1. 状况监测

因为只有及时地准确地了解了机器和设备的真实状况，才能取得最好的控制

效果与经济效益。所以，目前正在大力推进设备工作状况的在线监测：从单个元件，直到像风力发电机那样整个传动链。以下是一些实例。

1）对油液不仅采用压力传感器、温度传感器，而且采用油液污染度、油液品质传感器等进行在线监测。例如，图 10-10 所示的电子鼻，插入油中，可以实时测出油的含水量、氧化水平的变化，从而为换油提供可靠的依据。

图 10-10　电子鼻（派克）

2）软管使用状况监测

因为制造软管的高分子材料会老化，因此有规定，从生产日期开始，包括仓储时间，使用期限不得超过 6 年。其实，这种一刀切的规定不尽科学。因此，伊顿提出一种措施，在软管接头处埋入传感器，检测记录受压状况，从而预估软管寿命，以便更科学合理有计划地更经济地更换软管（见图 10-11）。

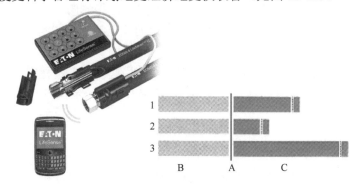

图 10-11　软管的状况监测（伊顿）

1、2、3—软管　A—根据生产日期更换　B—工作期限　C—所用软管使用状况监测后的工作期限

3）根据实时记录的大量工况数据，利用计算机，融合专业人员的经验，自动进行状况识别，综合出系统健康指数（见图 10-12）。

2. 综合效益

在液驱电控、状况监测的可靠性过关以后，先进企业现在正在致力研究综合效益的控制策略（见图 10-13）：综合协调控制整个经营活动中的各环节，兼顾成本效益、过程效益和资源效益。努力使企业的综合效益达到最优。

综合效益，落实在液压技术上，第一位的就是能效。移动液压的能耗，往往都会从单台设备的耗油表现出来。因此，对于能耗，移动液压比吃大锅饭的固定液压更敏感。另一方面，来自外界的压力，要求降低排放，也是直接针对移动液压的。因此，围绕降低移动液压能耗的研发，目前正在如火如荼地展开中。

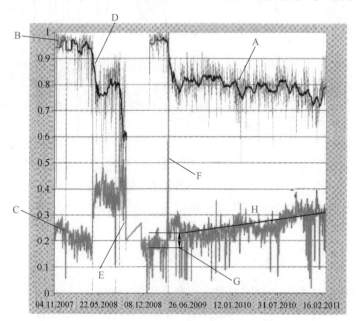

图 10-12　系统健康指数研究（力士乐）

A—健康指数　B—学习阶段　C—电动机振动　D—特性改变
E—更换电动机　F—过载故障　G—过载损伤　H—磨损

图 10-13　企业需要追求综合效益

第11章 液压测试
CHAPTER 11

测试，意味着测量和试验，强调测量。

液压测试就是，在液压系统实际工作时，或在特地设置的试验环境工况下，利用仪器测量液压系统、元件和其中的部件的参数状况，从而确定它们的特性。

尽管对一些复杂工况，测试所得到的数据还要经过有时相当复杂的分析和处理，才能揭示本质，但测试始终是了解液压系统元件真实情况的唯一途径。

11.1 测试是液压的灵魂

测试对液压技术与产业的重要性反映在以下方面。

1）液压是一门实验科学，理论的建立与发展都离不开测试。

通过测试，可以把理论与实际结合起来，验证一些理论的适用性，推翻某些理论推测。

2）研发新产品离不开测试。

液压元件设计师接到一项研制任务，在进行初步分析，必要的计算和方案构思之后，就要对某些部件和模型进行测试，据此来设计样品。在样品试制出来以后，再要对样品性能进行全面的测试。在此基础上，再进行第二轮样品设计、试制和测试，比较改进的效果。

设计-测试-改进，这样的过程往往要重复多次。在此过程中，测试都是不可缺少的重要环节。

3）仿真，作为一个预估设计结果的辅助工具，需要用测试来验证（见13.3节）。

4）即使是测绘仿造，也需要测试。

测试，可以帮助了解被仿元件系统已达到的性能，理解其工作方式。

因为测绘液压元件仅能了解其几何尺寸，仿造总是有差别的，并不能保证液压特性一样。所以，需要通过测试比较产品之间的差距，找出并排除存在的问题。

5）考核达标需要测试。

设计制造出来的液压元件系统能否满足要求，做到"风刀霜剑严相逼，我自岿然不动"，这不是靠一下子投多少钱，就能立竿见影的，也不是靠大人物在鉴定会上说几句就能算数的，而是要靠实践来检验的。而实践检验最通行的方法就是测试。

6）测试可以帮助调试，确定适当的参数、调节量。

7）液压系统的实时控制，特别是闭环控制，也需要测试。

8）对液压系统的工作状况进行实时监测，可以帮助及时发现问题，进行预测性维护。

9）在系统元件发生故障后，测试可以帮助找出故障的原因，确定故障状况与位置。

正因为测试对液压如此重要，所以，说测试是液压的灵魂，并不为过。

11.2　液压测试的种类

液压测试的种类很多，根据测试对象大致可分以下几类。

1. 针对液压系统的测试

大致有以下几种情况。

1）组装后试车调整时的测试。

2）正常运转时的监控性测试。

3）诊断故障时的测试。

4）闭环系统中对被控量的测试。

这些测试都与主机、负载的工况密切相关。

2. 针对液压元件的测试

对液压元件的液压性能的测试，一般都不能单独进行，而是需要在一个液压回路中进行。所以，实际上也是对液压系统进行测试，只是这时测试的目标是被测元件的特性。测试回路的设计、搭建、测量点的选择都要尽可能减少其他元件特性的影响。

国际标准及国家标准一般只建议测试方法，中国的行业标准中一般都建议了具体指标。

对液压元件的测试，大致可以从以下几个角度分类。

（1）从研发制造角度

中国的机械行业标准（JB）规定，对液压元件应进行型式试验与出厂试验，以考核被试件在标准规定的工况下，性能是否达到了标准推荐的指标。一些生产厂也会组织测试，考察自己的产品是否达到了行业或企业标准。

应该认识到，行业标准需要兼顾国内整个行业的状况，因此，只能作为最低要求。企业标准应该高于行业标准。

1）型式试验：对液压元件进行全面的性能测试，目的在于对元件设计和制造工艺的定型和鉴定。

一般根据标准建议的项目和测试方法进行测试，如阀的压差-流量特性、密封性（泄漏量）、换向阀的工作范围、泵马达的效率、瞬态响应性能、噪声，等等。

2）出厂试验：主要是针对已定型生产的液压元件，在其出厂前进行某些重要特性的测试，主要是检查性的。

（2）从性能角度

1）稳态性能测试：如阀的压差-流量特性、换向阀的工作范围、泵马达的效率、噪声，等等。

2）瞬态性能测试：如溢流阀的瞬态响应特性、比例阀的阶跃响应时间、换向阀的工作范围、变量泵马达的瞬态响应性能，等等。

3）持久性测试：为了确定设计制造出来的液压元件能否长时间地可靠工作，常采用比较接近实际使用工况的长时间运行。

在 1.5 节中提及的，用以衡量液压元件可靠性的"平均危险失效前时间MTTFd"指标，也是要通过对产品抽样，模仿实际工况进行持久性试验得到的。

对较优秀的液压元件而言，在常规工况下持续工作几千小时，是很常见的。为了在较短的时间内发现产品的薄弱环节，以便及时改进，有时也采取满载，或者超载、超速、冲击等形式进行强化试验。

对密封件，常把密封件浸在液压油中，加热一段时间，检查密封件是否变形（膨胀，重量改变），以推断密封件与所使用的液压油能否长期相容。

只是，如何从这些强化试验结果定量地估计常规工况下的寿命，需要很丰富的经验。

4）耐压性测试：持久性试验需要试验的时间较长，代价甚高，为此，常进行短时间的耐压试验，静态测试压力为许用压力的 125%、150%，甚至 200%。

这种测试需要的时间短、成本较低，可以比较频繁地进行，但其价值有限，并不能完全代替持久性测试。

（3）从应用环境角度

如，高低温测试、耐腐蚀（盐雾）测试、防爆测试、振动，冲击测试等，目的在于考核被测件对环境的适应能力。

3．针对部件的测试

例如，对液压阀用的弹簧、柱塞泵中的摩擦副材料等进行测试。

这种测试，工况单一、针对性强、花费较低、见效快。

11.3　液压测试的仪器

用手摸人的额头，可以大体感觉出此人的体温是否正常，但要准确值，还得靠体温表。液压技术更是这样，压力、流量与温度，都要靠使用相应的仪表才能得到它们较准确的值。

液压测试仪器大体可分以下三类。

1．直接显示型测量仪器

如压力表、浮子型流量计（见图11-1）、油温计（参见图8-19）等。

使用这类测量仪器的优点：成本低、可直读，无中间环节。局限性：

1）过程没有记录，一晃而过，无法进一步分析。

2）信息传递只能靠不精确的语言描述，口说无凭。

3）动态性能差，不能反映参数，特别是压力的快速变化。

2．记录型测量仪器

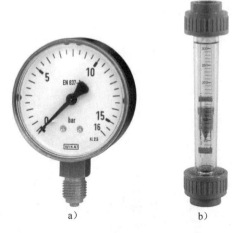

图 11-1　一些直接显示型测量仪器

a）压力表　b）浮子型流量计

记录性测量，都是使用传感器（见图11-2），把被测量转化为电信号，这样被测量的变化过程就可以记录下来，处理，显示，传递。

图 11-2　一些测量传感器

a）压力传感器　b）涡轮流量传感器　c）温度传感器

使用记录型测量仪，有以下好处。

1）记录下来的信息可客观地无损失地，甚至在使用不同语言的地区间传递、交流、分析、探讨。

2）现代压力测量传感器的动态性能已高于 5000Hz，足以抓住一般液压元件系统的压力瞬变，然后从容地分析。

随着计算机技术的快速发展，现在收集、记录、再处理及显示测试数据都已普遍采用计算机辅助。例如，图11-3 所示仪器，是专为液压测试设计的：各种液

压用的压力、流量、温度传感器可以直接与之相连，使用非常方便（详见参考文献[3]、[14]）。

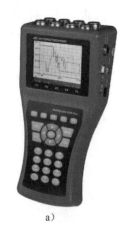

a)　　　　　　　　　　　b)　　　　　　　　　　c)

图 11-3　便携式数据采集仪

a）德国和德尼科公司　b）英国威泰科公司　c）用于系统诊断

3．专用型测试仪器

以上所述测试仪器皆系通用型的。但在很多场合，维修技术人员面对的液压系统是固定的，要测的项目也是固定的。如果采用针对该场合专用的测试仪，会更方便，工作效率会更高。

例如，如已述及，液压元件的内泄漏在使用磨损后会增大。因此，检测各元件的内泄漏量是确定元件是否必须更换的一项重要任务。

元件的内泄漏量，即使磨损很严重，在空载时往往也是微乎其微的，只有在加载时才会比较真实地表现出来。但直接给主机加满载，弄不好就容易出安全事故，特别是给那些已使用多年比较陈旧的主机。利用节流阀加载，是一个比较安全的方法，因此被普遍采用。

图 11-4 所示的加载测试仪由压力传感器、压力表、涡轮流量计、油温计与一个加载节流阀组成，结合了避免超过最高压力的安全装置。压力、流量等直接显示，无需标定。还可以记录下在不同压力下的流量。

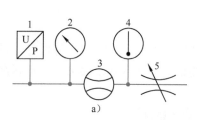

图 11-4　加载压力流量测试仪（英国威泰科公司）

a）图形符号　b）外形（DHT1）

1—压力传感器　2—压力表　3—涡轮流量计　4—油温计　5—加载节流阀

在使用时必须把系统中其他元件断开，逐一测量。图 11-5 所示为对一个简单液压系统中的泵的排出流量的测试回路。测出了泵在不同压力下排出的流量，就可推算出在不同压力下的内泄漏量，详见参考文献[3]8.6 节。

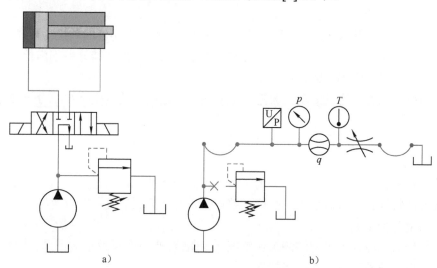

图 11-5　加载测试

a）被测系统　b）测量泵排出的流量

11.4　液压测试的准备

进行液压测试前，除了学习掌握一些测试的基本理论与术语，液压元件、系统的工作原理，相关标准规定等以外，还应做以下几个方面的准备。

1. 规划测试

大体有以下几步。

1） 了解分析测试目的。

2） 参考已有的标准，确定测试方法。

3） 对被测件进行分析。

根据已有的理论和经验，对被测件的结构、工作方式、特性等，进行尽可能深入的了解与分析，从而理解、确定测试的具体内容及要求。分析越深入，收获会越大。

4） 设计测试回路、测试过程。准备测试仪器。

2. 预估测试结果

预估液压系统的性能是液压系统设计师必须具备的能力。

根据已掌握的理论和经验，参考类似产品，在动手测试前预估可能得到的测试数据、记录曲线的形态。这非常有利于提高对被测件的理解及测试的准备，同时，也利于在测试过程中及时发现测量结果中由于测量者的疏忽造成的测量异常值。预估，就像猜谜一样，可以帮助测试者加强逻辑推理思维能力和液压方面的修行。

测试，准备得越充分，进行得就会越顺利，起到事半功倍的效果。冒冒失失、匆匆忙忙开始的测试常常以失败而告终：测了一大堆数据，却分析不出什么有用的需要的结果。祖训：磨刀不误砍柴工，是也。

所以，准备是测试成功的关键。准备测试的过程也是提高研发能力的过程。

11.5　努力读懂测试曲线

测试的目的，说到底，不是为了一大堆数据和曲线，而是为了从中分析出系统元件的特性。所以，下功夫去读（整理分析）懂测试曲线是很重要的。

（1）为什么？

类似心电图反映了心脏的工作状况，测量曲线也综合反映了被测系统的状况，从中可以了解被测系统的很多特性。

一个简单的液压回路如图 11-6a 所示。反复开启关闭换向阀，测量无杆腔压力 p_3、有杆腔压力 p_4 的变化曲线，从图 11-6b 中可以看出：

——由于两腔有效作用面积不同导致的工作压力、回油压力、完成行程的时间不同；

——在液压缸起动时由于活塞和活塞杆惯量及流量突变导致的压力尖峰；

——在活塞运动到达行程终点时溢流阀延迟开启导致的压力尖峰，等等很多有用的知识。

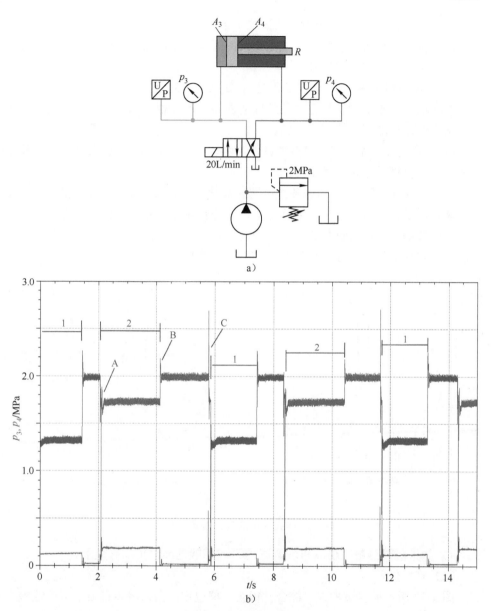

图 11-6　一个简单的液压回路的测试

a）被测系统　b）测试曲线

1—活塞杆伸出　2—活塞杆缩回　A—液压缸起动冲击　B—溢流阀开启尖峰　C—换向阀切换时的压力冲击

通过测试，了解了元件系统的真实情况，好处多多。

作者自从 1990 年到德国工厂工作就开始使用记录型测量仪，研读测试曲线辅助解决了很多很多技术问题。

作者在欧洲所考察过的多个液压元件系统生产厂，出厂试验与售后服务在 20

世纪 90 年代就都开始使用记录型测试仪了。

作者认为，是否会使用记录型测试仪，能读懂测试曲线，可以作为衡量液压企业技术水平高低的一根标杆。

1）无论进口了多少昂贵的加工机床，如果至今还是靠压力表在工作，还没有记录型测试仪，不能测试自己产品的性能曲线，产品说明书上只是抄袭国外，作为液压企业，只能算低技术水平的。

2）一个企业，如果有记录型测试仪，也有几个人会用，也有人能大致读懂测试曲线，可以算是中等技术水平的。

3）如果出厂试验、售后服务人员普遍会使用记录型测试仪，有一批技术"大拿"能就测试记录做出分析，展开讨论，这种企业才能算真正高水平的。

一位德国工程师告诉作者，他们为客户提供的全套液压系统在组装后都要进行测试，然后根据测试曲线（见图 11-7）进行分析、改进。

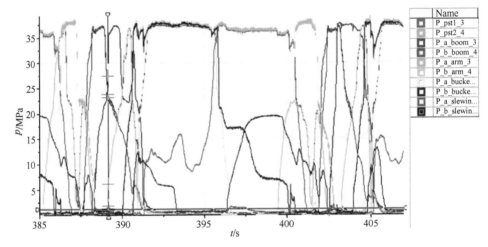

图 11-7　一台挖掘机的测试曲线（力士乐）

4）如果能通过数字仿真再现测试结果，那就是高水平的研究了。

（2）怎么做？

图 11-7 所示的测试曲线，综合性很强，但也很复杂，需要有很丰富的经验才能读懂分析。而且实际工作场合常常是非常恶劣的，可供测试的时间也常常十分有限。所以应该先在自己的试验台上从简单的液压回路开始学习。见微知著，一滴水也可以折射出太阳的光芒。

现在，由于电子技术的进步，即使德英生产的记录型测试仪（液压万用表）最简单的配置在中国的销售价已不到 2 万元了。所以，购置费用对国内大多数液压企业而言，已不是障碍了。

买仪器容易，然而，这仅是第一步。没有记录型测试仪是低水平。有了测试仪不会用，还是低水平。难在使用。因为这需要理论联系实际，对液压技术有相当的修行。学会使用测试仪，能分析测试结果，让曲线说话，才是更重要的。例如

1）这些曲线反映了哪些阶段？可直接标注到图上（参见图 11-6b）。

2）这一阶段延续多长时间？受哪些因素决定？能否与预估相符？能否满足顾客需求？如何改变？

3）为什么某一段的压力那么高？什么因素决定的？能否与预估相符？

4）从几次不同载荷曲线的压力及持续时间的比较，外推出，液压能驱动的最大载荷。

5）分析各个压力尖峰，是由什么造成的？能否减小？

液压修行的最高境界：能读懂每一段曲线。

有些液压研究生，只会摘抄讲义教科书的叙述，洋洋洒洒，面对测试曲线，却手足无措，不能用在中学就应该掌握的牛顿第一定律和帕斯卡原理来解释测试结果，实在可悲。

培养液压人才，无论是技能型还是研究型的，测试能力都是必不可少的一环。中国高校应该立刻迈出这一步。

本科生应该至少能用记录型测试仪测试并分析液压阀的稳态特性，如换向阀的流量压差特性、溢流阀的启闭特性、流量阀的压力流量特性。

研究生应该能用记录型测试仪测量分析研究一个简单液压系统的动态变化过程。

第12章
CHAPTER 12

液压系统的安装、调试、维护与故障排除

12.1　安装

液压系统中各元件、组件——液压缸、阀、泵、油箱（动力站）等，一般都是在元件生产厂预先制造好的。液压缸，因为和设备紧密相连，常由设备安装部门负责安装。所以，液压系统安装，一般是指，在设备现场，用管道把泵、阀、阀块、集成块、液压缸等连接起来。

好的安装，至少要做到以下几点。

（1）审查设计的正确性

是人，就可能犯错误，设计师也是。而错误的，拙劣的设计，再怎么调试，也不可能获得正常的运行效果，更谈不上使用寿命了，装也是白装。所以，安装前应先审查设计的正确性。

审查的过程，也是理解设计师意图的过程。所以，要搜集、阅读、理解、掌握所有相关技术文件：回路图、零件明细表、安装和试车规范等。

应该检查，待安装的系统是否可能达到预期的目标——速度、负载动作的各项性能，安装工艺（过程）是否现实可行。

（2）检查待安装部件的正确性

把错误的部件接入系统，就等于预埋了定时炸弹，比不装还要糟。所以，安装前要检查所有部件，包括一些细小的零件，如螺钉、垫圈等，是否都齐全、完整、无损，外表是否有锈蚀、内部是否有污染，库存时间是否过长，是否都符合技术文件的要求，特别是耐压；密封圈、过滤元件等是否与压力介质相容；压力表、测量仪器是否都符合要求。

（3）管道制作

管道的长度形状要考虑到热胀冷缩、振动、可拆卸性等因素。

1）布硬管，一般常喜欢横平竖直，直角转弯。其实，如果空间许可的话，管道弯曲半径越大越好，斜管更好（见图 12-1）。因为大半径弯管，特别是斜管，消耗的管材少，管道导致的压力损失也小。135°转弯的压力损失是直角转弯的 1/4。

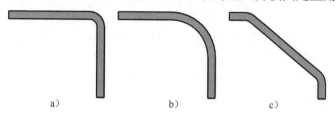

图 12-1　布硬管

a）横平竖直布管　b）大半径弯管　c）斜布管

2）如已述及，软管是可弯不可扭，且有压力时会略缩短。所以，在安装时要注意避免过小的弯曲半径、扭曲和绷紧（见图 12-2）。

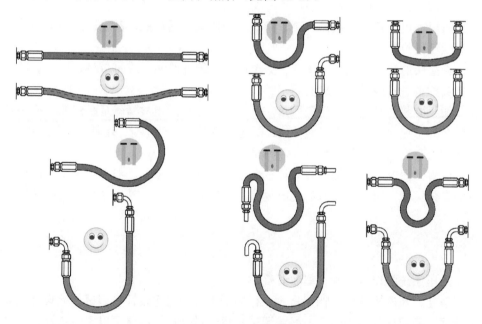

图 12-2　软管的安装

管道目前多是现场逐一制作——测量、切割、弯曲、焊接，逐一安装。这样，很难有高精度高工效。

而先进水平，已把管道当作机械零件来处理，使用三维设计软件来设计，采用高精度数控管道切割机、弯管机，精确加工后编号，在现场仅装配。这样可大

大减少在现场的工作量，提高工效。

（4）尽力减少污染物

安装过程中最重要的就是保持清洁。因为液压系统在安装结束成为封闭前，很多口是敞开的，污染物很容易进入系统。

比较认真的安装单位会向元件制造商提出元件清洁度的要求，绝不接受敞开的元件和管道。

所有零件都应预先清洁或清洗。其中特别是管道。金属管，尤其在弯曲、焊接之后，都应酸洗，以去除氧化皮。对内部比较干净的管道，可以采用直径略大于管道内径、由多孔泡沫塑料制成的圆柱体，用压缩空气强力推送过管道，从而带走管内壁残存的污染颗粒。

各部件，不到安装前最后一刻，绝不拆除原装在进出口上的堵头。

（5）无应力装配

尽管通过螺栓、管接头上的螺纹可以产生很大的力，消除元件管道间的偏差间隙。但，强扭的瓜不甜、强拧的零件寿命也难长。因为安装中产生的应力必定会传到部件各处，改变各处的尺寸与配合状况。

所以，电动机、联轴器、泵、阀块、液压缸、马达等，都应该准确定位，而非靠螺纹硬拉到一起。

管接头的拧紧转矩也要注意。据统计，系统外泄漏事故的90%是由于管道、管接头拧得过松或过紧引起的。

如果安装马马虎虎、污染严重，那么开始运行后出故障就是必然的。相关各方就会为责任问题没完没了地扯皮：问题究竟是在元件本身，还是在安装。所以，现在常由负责安装的单位负责元件的采购和提供。

曾有一研究机构，耗巨资设计试制了一台深海探测器。但由于未重视液压系统的安装调试，第一次下海后就出故障，以致无法返回，葬身深海，教训惨痛。

12.2　调试

液压系统的调试，含试车和调整。

现在，液压行业内，特别是才入行的新手，普遍重设计轻调试：搞设计的叫设计师，搞调试的称调试工。好像调试只要受过技校训练就可以干。这是极其幼稚的。殊不知，对液压系统，重设计轻调试，就像对孩子，重生育轻教育，不但是达不到完美，甚至连生存都会有问题。

如已述及，负载力常有很大的变化范围，液压元件也有很大的不确定性。这些说不清、道不明，都要靠调试来解决。好在液压也有这种灵活性，关键是看怎么去调试。

1．试车

试车指的是，在液压系统安装后的第一次起动。

一般专业单位都有详尽的试车规范。至少要做以下几点。

1）学习研究设计文件（回路图、元件明细表，等等），搞懂系统的工作原理、各元件的作用、设计师的意图。

2）根据设计文件检查所安装的元件是否正确，是否安装妥善。如果有蓄能器的话，应检查其预充气压力是否符合设计规定。必要时调整。

3）初步检查系统是否有外泄漏。这可以在封住系统通油箱的管道后，向系统充入一定压力的压缩空气。

4）冲洗：可能的话，使用干净但低黏度，无或少添加剂的同类型液压油（可一定程度降低成本），适当加热，大流量，在元件、管路中造成高速涡流，以利于冲走元件里及管壁上剩余的污染颗粒。一段时间后，更换流动方向。

5）加油：利用带过滤器的加油小车，通过加油过滤器，向已彻底清洗过的油箱里，加入清洁的液压油。注意：即使未开封的桶装油的清洁度常常也达不到希望的清洁度。要利用一切可能的机会过滤，以降低系统中污染颗粒的浓度。

6）根据需要和可能，降低主溢流阀及一些流量阀的设定值，甚至全开启。换向阀切换到泵出口无压力状态。有些元件，如液压缸，临时旁路。

7）有些泵要求预先充满油，以免刚起动时的干摩擦带来损伤。可能的话，用手动转几圈。

通过点动，检查原动机与泵的旋转方向是否正确。

起动泵，这时出口压力应很低，切忌带负载起动！

8）通过相应的装置，尽可能排除液压缸、管道里的空气。

9）空载持续运转 10～15min，同时轮流切换各阀，作为清洗。经常检查滤芯堵塞状况，必要时更换。一开始，可用过滤精度较低的滤芯，如过滤精度为 25～15μm 的滤芯，以后再换为高过滤精度，如 3μm、5μm 的滤芯。这样，略经济些。

10）逐渐关紧主溢流阀，以逐渐加压。检查各连接部分的密封性。同时密切注意测量记录压力变化，检查机构变形。直至达到规定的最高工作压力。

11）一般，应在最高工作压力下，或约定的测试压力下工作 10～15 分钟。检查噪声、系统温升。

12）有些系统，需要进行超载试验，同时确认机构变形仍在安全范围内。在超载之后还应再重复进行各项常规性能测试，以保证所有性能基本不变。

13）最后，主溢流阀调至图纸规定值，并锁紧铅封。

经过一段时间试运行，试车的任务就算完成了。

14）（与客户一起）完成试车（验收）记录：日期、时间、进行的试验、调整状况、各工况参数状况等。

白话液压

2. 调整

调整指的是，调节溢流阀、流量阀、更换阻尼孔，改变控制程序的参数等等。

（1）原因

1）工作环境、负载状况在设计时不明确，或有变化。

2）对实际系统的要求常很难预先用语言数字准确描述，尤其是新设计系统。例如，通常既希望运动的加速度小，做到起动停止平稳，又希望运动速度高，做到工作周期短，生产效率高。到底如何折衷，两者兼顾，经常需要在有了实际系统后通过试验来确定。

3）由于液体的多变性、液压元件特性的非理想性、液压系统性能预测的复杂性，所以，即使预先有很明确的要求，也很难在设计时就预先准确地确定各元件的参数。因此，在试车时，在运行了一段时间、大修、更换零件后，根据实际情况进行调整，是几乎不可避免的。

调整过程也是优化过程。

（2）目的

调整可能有不同的目的，如

1）达到合同约定的指标。

2）满足实际工作环境的要求。

3）满足熟练操作员的感觉，例如挖掘机。

（3）过程

1）深入学习了解系统液压回路的工作原理及系统设计师的意图，了解调整的目的，影响因素。

2）根据技术文件确定的项目，检查所有的动作，测试相应参数（如速度、温升等）的原始状态。

3）根据需要，更换或增减元件。

4）根据目的，调节相应的阀及参数，测试相应参数的改变，直至满足要求。

5）在调试结束，设备性能得到认可后，还应做一次完整的各工况测试，作为原始记录，供运行维护及以后维修参考。

（4）建议

1）调试时要特别注意安全。因为这时，很多正常工作时的安全防护措施往往会被暂停。

2）调试过程中应该尽可能多用记录型测试仪记录下压力流量等参数的变化过程。

3）系统设计师应积极争取参加。因为分析测试结果，把测试结果与设计时的预估对比，可以获得对系统的更深刻理解。这也是一个深入了解客户需求，深入了解系统特性，理论结合实际的学习机会。

12.3　维护

维护，通常指的是，设备未发生故障时进行的定期和不定期检查和养护。目前，液压设备的维护大多由设备使用者（运营商）负责。

维护工作的目标，衡量维护工作好坏的指标，就是设备可用率（可使用时间）。维护得好，设备可使用（不出故障）时间就长。

液压设备在没出故障时也应该维护，就像现在，有条件的人，在未明显生病前去做体检，汽车例行车检的原意也是如此。

有些使用者对液压设备根本不维护，出了故障再说。其实，维护虽需要花费，但也会有大收益。

1.　关于故障

液压系统出故障，即，其中一些元件在使用过程中丧失规定功能，也称为失效。

（1）失效模式

失效模式，大致可以分为两种：退化失效与突发失效。

1）退化失效指的是，性能逐渐下降到允许的最低限度以下，也称软故障、渐衰型故障。例如，部件被气蚀逐渐损坏，磨损逐渐加剧，油液、密封圈老化，密封性能变差，泄漏逐渐增加，所控制的压力、流量逐渐变化，效率逐渐下降，等等。

2）突发失效指的是，零部件损坏导致液压元件不能工作，事先没有明显迹象，也称为硬故障。例如，电磁线圈烧毁断路，活塞杆断裂，等等。

但大多数表面上看上去是突发性的失效，其实也是有过程的。如果经常检查，也可能提前发现问题。

例如电磁线圈在使用过程中，最初是由于腐蚀破坏了线圈中局部漆包线的绝缘层，发生相邻两圈线间的短路，线圈的电阻开始下降，电流增大，短路点处发热严重，进一步导致更多的绝缘层失效，短路加剧，最后才突然烧毁。如果经常检查线圈的电阻，就有可能提前发现问题。详见参考文献[3]第 7.2 节"失效的分析"。

其他行业也有很多成熟的检查方法可学习借鉴，如超声波扫描、荧光粉探测等等。

（2）故障规律

液压系统发生故障的概率大体有一个随时间变化的规律（图 12-3），术语称"澡盆曲线"。

1）早发故障期：在新投入使用时，故障发生的频率一般较高。

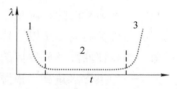

图 12-3　故障发生概率的澡盆曲线

λ—故障发生概率　1—早发故障期
2—偶发故障期　3—迟发故障期

这时的故障，大多是由于设计（使用了错误元件），加工、安装中的失误，特别是油液中有较大的原始污染颗粒，导致阀卡死，不动作，等等。

通过试运行，跑合，排除失误，降低油液污染浓度，可以尽快地度过这个阶段。

2）偶发故障期：在这个阶段，故障发生的概率较低，系统可以稳定地持续工作。控制油温，降低污染度，坚持维护制度，可以延长这个阶段。

3）迟发故障期：随着使用时间的增加，部件磨损，被腐蚀，疲劳失效，油液污染老化，故障发生的可能性又开始增加。这时的故障往往与所使用的元件的工作持久性，特别是其中一些部件的硬度、抗磨损能力等相关。

这类失效，只可能推迟，不可能完全避免。通过保养维护，定期检查，大修，可以避免计划外停机。

2. 关于维护

液压系统的维护可分两级水平：预防性维护和预测性维护。

预防性维护，指的是，识别从而减少或消除可能导致故障的因素，降低液压系统出故障的几率。

预防性维护计划通常应由设备设计制造单位与使用单位合作拟定，一般分为点检和定期检查，简称定检。

（1）点检

点检是指日常持续性的检查，检查内容至少有以下几点。

1）是否有异常声响。

2）重要部位的紧固。

3）密封性。如果有外泄漏的话，必须立即采取措施。

4）油箱中油位高度

5）系统中各关键点的压力、压力阀的设定值、在重载工作时的油温、蓄能器的充气压力，等等。

（2）定检

1）检测液压油污染度，滤芯堵塞程度，及时更换滤芯。

2）检测液压油品质，不宜使用时要换。

目前很多使用者是根据投入使用时间，如半年、一年一次换油。其实，这并不科学，因为油液的状况受工作温度、所含的水分、空气，特别是杂质的影响，随工况与维护而变。所以，比较合理的是检测油的品质，据此决定是否要换油。同时，寻找使油液品质变坏的根源，采取相应的措施，争取尽量不换和少换油。

——如果含水量高，根源可能在于油箱的通气过滤器不妥，应改进设计，增加防护措施，以及采用能吸水的滤芯。

——如果含气量高，根源可能是，泵的吸入口负压漏气，或油箱回油口高于液面，或油箱里排除空气的滤网设置不妥等。

通过真空处理油液，可以大大减少其中的水和气。

——矿物油长期使用后，一般黏度会降低。由于黏度随温度变，所以，需取样在规定温度时测量，或与标准黏度的液压油在相同温度下比较。如果仅仅是油液黏度下降，酸度没有变坏，可以掺入同类型高黏度的矿物油来改善黏度。

作者曾考察过一台在国内运行的大型压机，其液压系统是由德国公司设计的，由 18 台 1250kW 的高压双头电动机驱动 36 台变量泵，单泵最大排量 $1000cm^3/r$。油箱 $400m^3$，换一次油要花费上千万元。中方增强了过滤器，油液污染度始终保持在 NAS 5 级以内。而且油温也一直保持在（40+5）℃内。因此，尽管每年运行超过 7000h，持续运行七年，没有因为液压问题停过机，也没有换过一次油。

3）其他检测。例如，软管使用期限；风冷器叶片上是否积灰，等等。

预测性维护，指的是，通过维护检测，预测各元件、整个系统还能工作多久。如此，就可提前准备替换件、安排计划停车更换。有计划停车带来的损失，一般都远小于由于故障造成的突发停车。预测性维护是欧美液压技术当前研发的热门，详见第 14 章 14.2 节。

维护有大学问，需要专业知识和经验。因此，越来越多的系统制造厂开始把维护列入售后服务项目，供顾客选择。

12.4　故障诊断与排除

设备出故障不能再工作了，除个别特殊情况，只好完全放弃外，一般总是设法诊断并排除故障，使设备能再工作。

1. 故障诊断

要排除故障，首先需要诊断。

对机器设备进行故障诊断像医生给病人看病一样，大有学问。

因为液压传动是在封闭的系统中工作的，不像机械传动可以打开来看，那么直观。所以，对液压系统进行故障诊断有点像内科医生，通常必须在人的各器官还能工作时，利用听诊器、血压计、各类测试仪器了解病人的真实情况，判断问题在何处。在液体还封闭在元件和管道中，系统还能运转时，还可以观察、测量、判断出故障的原因部位。一旦开膛破肚，系统不能正常运转了，不能测量了，有时就找不出故障何在了。所以，需要对系统工作原理有很深刻的了解，很严密的逻辑判断能力，也需要很丰富的经验。

首先应该确定故障性质、发生区域与原因。

液压是管动的，设备动不了了，操作员常常是首先找负责液压的维修人员。其实，整个传动链：原动机-泵-阀-辅件-执行器-负载，还有电气控制部分，都可能是导致设备不动的原因。所以，液压维修人员应该学会，首先确定故障的性质：

是机械、电气电控、还是液压部分。

如果手头有设备系统的类似图 12-4 的大致信息流图,就很有助于故障定位,因为各个环节都有可能出问题。

以下一些方法可以帮助确定故障发生的区域和原因。

1)调查询问使用和维护情况:一般应该首先询问操作员,因为他们成天和设备打交道,对故障状况应该最了解。例如,

——故障是偶发的,还是经常发生的?在什么环境、工况下发生较频繁?

——什么时候开始出现的?新设备时就有,还是更换了某个部件,做了某项调整后才出现的?

2)测量:在系统的某些测压点上装上压力表或压力传感器。做几个动作,根据压力情况进行推断。若有新机时做过的测试记录做对比,就更容易确定故障部位。最好使用记录型测试仪,详见参考文献[14]。

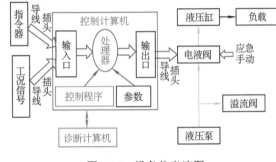

图 12-4　设备信息流图

3)推论分析:一般来说,故障总是有原因的。所以,从故障现象出发,应该能追溯到原因,从而确定排除的措施。

但经常是这样的:一个故障现象,可能有多个可能的原因(见图 12-5)。因此,就需要列出一切可能的原因,然后通过各种辅助手段(试验和测量),逐一排除无关的原因。

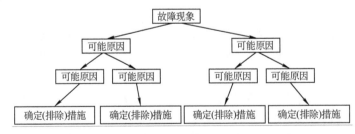

图 12-5　故障现象-可能原因

鱼刺图(见图 12-6)是一种传统的故障现象-可能原因的分析方法。每一种故障都可排出一张鱼刺图。所以,对于稍复杂的设备,可能会有几十张,甚至更多的鱼刺图。一般应由有经验的技师或设计师预先拟定,供现场维修人员按图索骥,并不断补充。

如能总结出类似图 12-7 的诊断流程图,则更便于维修人员使用。

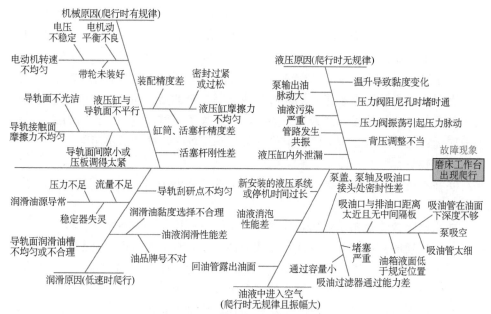

图 12-6　鱼刺图分析查找故障

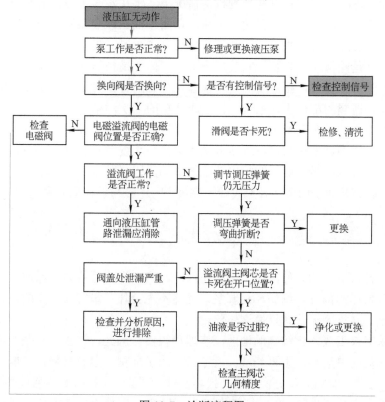

图 12-7　诊断流程图

4）寻找过程计算机化：有条件的话，可以把诊断流程图编成计算机问答程序，或手机 App，引导维修人员从故障现象出发，通过问答，逐渐缩小故障区域，逼近故障的根源。

如果设备上装有传感器，故障时故障前的工况记录可追溯，那也很有益于诊断。

有时，设备干脆不动了，倒还容易找原因。难的是，还能动，但是工况发生了量的变化：速度快了一点或慢了一些，噪声大了一些。更不便诊断的是，故障时有时无：操作员报告有故障，但维修员赶到现场时，故障却不出现了。

2. 故障排除

实在不得已，故障复杂性超过了修理师的诊断能力时，只能把怀疑损坏对象全部换掉。

如果确定故障是由于液压元件损坏引起的，一般总是更换液压元件。

从阀更换的角度来看，片式较管式方便，板式较片式方便，插装式更方便。而如果使用集成块，集成块也不是太大的话，还有一个附带的优点：在不能准确断定哪个阀出问题时，甚至可以先把整个集成块换掉，让设备尽快恢复工作。

经常会碰到的故障是阀被污染颗粒卡住。修理现场的清洁度一般都不足以拆开液压元件进行修理。只有在个别特殊情况下，手头没有可更换的阀时，为了救急，可以尝试把阀拆开，取出阀芯，清洗，用细油石或金相砂纸小心地去除黏附的杂质、拉伤造成的不平痕迹，洗干净后装回去再试。但很多时候并不能奏效。因为，常常是阀体比阀芯软，阀芯拉伤了，阀体更是损伤而难以修复了。

在拆除旧元件时，很重要的是，检查元件上的各部件是否齐全，特别是密封圈。损坏、遗漏的部件进入系统，会造成严重的二次污染。

更换液压元件时要特别注意清洁，因为这时系统又敞开了。所以更换了元件以后，最好要像试车时那样，重新再次清洗整个系统，必要时进行调试。

不仅要排除故障，更需要找出造成故障的原因，从源头上下功夫，以避免或减少故障重复出现。如果怀疑原设计不完美，则还应与设计师联系讨论改进措施。

12.5　再制造

对于替换下来的元件，在人工费还低时，有时还进行修理：保留可用部分，只换掉有损坏的部分。例如，柱塞泵，壳体不太会坏，最容易发生的是缸体、柱塞、滑靴、斜盘磨损，就只换这部分。

在欧美人工成本比较高的地区，修理费很贵。因此，过去，一些中小型液压元件往往被简单废弃，不再修理。近年来，为了环保、节省材料，节能，减少排放，也开始进行修理，仅更换或修补损坏部件，给了一个很时髦的名词"再制造"。

根据参考文献[15]，再制造被定义为：以废旧产品为生产毛坯，通过专业化修复或升级改造的方法，使其质量特性不低于原有新品的制造过程。由以下步骤组成。

1） 无损拆解。

2） 清洗：要绿色，无毒。例如采用超声波，去除废旧零件表面的污泥、油脂、锈蚀等污染物。

3） 检测损伤。

4） 评估部件的残存寿命，从而确定该部件是"弃"还是"修"。如弃，意味着，换新件。如修，要确定修什么。

5） 成形与加工。可修部件主要是表面磨损，传统修复手段：电镀、堆焊。现在出现了很多新技术，例如，气相沉积 PVC，可以在表面敷上一极硬的耐磨层，性能甚至可以超出原件。之后再加工，使之达到接近新品水平。

6） 装配。

7） 像新品一样进行专项测试，参照原件设定。

这些，只有专业厂才能做。但由于一般批量都较小，情况多变，因此，人工成本甚高。再制造出来的产品，常常并不比新品便宜，所以，"再制造"在德国推进不快。

第13章 设计与仿真
CHAPTER 13

刚出校门来到企业的大学毕业生往往喜欢搞设计，因为中国大学的液压教材，无一不谈设计，振振有词，好像读了就会设计了。而作者所见到的多本有代表性的德国大学和应用学院的液压教材，都不谈设计。作者认为这是有道理的。

什么是设计？设计，是根据一定的目的要求，预先制定方案、图样的过程。

所以，仅仅画图纸算不上设计。

画出一套图纸，造得出来、装得起来、能动作，如果是在学校学习阶段，纸上谈兵，那也勉强可以算设计。但到企业里就不行了。

因为企业活动的主要目的是满足顾客、市场、社会的需求，创造价值，所以，设计要达到的目的要求是多方面的。

1）顾客、市场、社会对产品的需求往往是多种多样的，而且因为顾客只是使用者，或中间商，对需求的很多细节常常都说不清楚。而设计师要完成设计又必须考虑到每一个细节。所以，需要设计师对现有产品、企业、市场有深刻的了解，为顾客着想，与顾客讨论，逐步明确对产品的需求。这就需要很多实践，靠在学校里念书学理论是无法获得的。

2）制造成本要可接受。产品生产成本的 80%以上掌握在设计师手里。根据中国现有的这些大学液压教材，充其量只能搞出一个勉强能动的系统。如果哪个公司任用了仅仅读懂了这些教材的大学毕业生，即使是最优秀的，来搞设计的话，也非破产不可。

3）设计，在企业里，是为了制造，说得俗一些，是为了最后能卖掉挣利润。所以，设计——图纸、工艺卡、试验计划——这些看似纸面上可以随意涂抹的东西，实际上牵涉到企业的方方面面：生产制造、质量管理、市场、销售等等，是企业各方面能力的综合体现。而这些，没有打好基础，没有在这一行这一企业实际工作几年的经历，是掌握不了的，也就搞不好设计。

设计能力要靠日积月累，长期逐步提高，水到渠成的。所以，作者主张，不轻言设计。以下只是做一些概略的介绍。

液压元件设计和液压系统设计，两者有相似处，但设计过程及各个阶段关注的重点不同，设计师需要的知识与能力也有很多的不同。因此以下分别介绍。

13.1　关于液压元件设计

液压元件设计过程大致如下。

（1）确定市场方向

液压元件，一般来说，是通用的，其功能到处可用。所以，企业生产液压元件，很多时候并没有明确固定的顾客和应用场合。但应该首先确定的是面向哪个市场。

前市场，指的是提供给主机厂，用在新的主机上。针对前市场的产品设计相对比较灵活一些，特别是主机还处于试制阶段，允许液压元件有较大的改动。

一般来说，每批订货的数量较多，希望有很高的性能一致性，较高的工作持久性。

后市场，指的是供给最终顾客作为替换件。一般，每批数量不大，对性能一致性及工作持久性的要求低于前市场，对价格往往有较苛刻的要求。但由于门槛较低，因此也常被企业在起步时选作切入点。

（2）调研现有产品状况与顾客需求

了解市场（竞争对手）的价格、目前制造成本、需求量、可能的订货量和发展趋势，从而确定是否值得研制。虽说这些主要是市场部、销售部的任务，但设计师也应该非常清楚，因为这对以后的工作有很大的影响。

不仅要了解顾客当前的期望，还应知道顾客昨天的期望，想象出顾客明天的期望。智能手机，就是由于设计师想到了顾客还没有明确表达出的期望，正中顾客下怀，所以能在短时间内迅速排挤掉传统手机。

（3）确定目标产品应该达到的性能

设计师应该全面、准确、明确、书面、清晰、详细地表述目标产品应该达到的性能。表述过程，也是深化理解产品性能的过程。

对大多数液压元件的性能要求，国内有相应的行业标准。但应该认识到，行业标准只应该作为最低要求，详见参考文献[3]第 2.6 节。

（4）测绘样品

机械行业设计师大量的工作是改进现有产品，极少从零开始设计。

测绘现有产品的结构和尺寸，从而仿造，又被称为逆向工程，是国内大多数液压元件制造厂目前都在做的。

现代液压技术经过上百年的持续研发，已经相当成熟，高端产品中高科技含量很高。而目前中国很多液压产品离世界先进水平还有相当的差距。要迅速赶上世界先进水平，开发新产品，在相应产品或技术没有专利保护的情况下，从测绘仿造开始，不失为一个有利的起点。测绘仿造，只要不侵犯专利，即使在欧美工

业先进国家，也是常有的事。

然而必须认识到，测绘仿造不能保证液压性能一模一样。原因如下。

1）几何尺寸的测量一般都是在室温常压下进行的，而元件实际运行在高温高压下发生的变形是测不到的。

2）现代液压元件为了满足在高压高速下工作的需要，常会有一些很细微的尺寸与形状变化。

例如，为了提高容积效率，有制造厂把斜盘柱塞泵的圆柱形柱塞两端加工出一点弧度（见图 13-1），以增加柱塞在受到倾斜力时的密封面积，两端尺寸仅比中部尺寸小万分之几。不知道作用原理的话，根本就想不到去测。

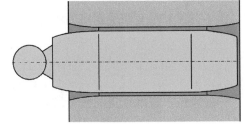

图 13-1　斜盘柱塞泵的柱塞与缸体预加工出弧度

3）测绘只能测有限的几个样品的尺寸，测不出允许的加工偏差。

4）仅仅测绘几何尺寸不可能完全掌握样品的特性。例如，材料的组成成分、杂质空气含量、热处理、金相组织状况等等，对液压元件的性能，特别是耐压性、持久性，也都有着十分重要的影响。

5）由三位德国教授在 2013 年提出，获得德国政府支持和众多企业响应的所谓工业革命 4.0，就是要利用现代的手段，低成本最快地满足顾客的个性化需求。因此，先进产品的更新速度会越来越快，新产品会层出不穷。结果就是，不知道该仿照哪个，来不及抄。

所以，在测绘样品的几何尺寸的同时，更要努力思考，搞懂其工作原理。还要测试其液压性能，作为仿制的标杆。

（**5**）设计原型

测绘之后应该考虑根据实际情况改进创新，原因如下。

1）仅测绘仿造，就只能跟在别人后面走。不改进创新，永远不会有自主知识产权。

2）专利所限制的也只是一模一样的照搬。如果能在它的基础上有所改进，那就不但不受原专利限制，反过来还可以再申请新专利保护。

3）世界先进水平的产品也是在不断改进中的。凭什么说，拿来作为仿造对象的那个样品就是完美无缺，必须依样画葫芦，不能再改进逾越的呢？

所以，测绘仿造仅仅只能是研发的起点而已，绝不应该是研发的终点。

设计原型时要分析确定各部件的材料、热处理工艺、允许的加工偏差和表面粗糙度，与工艺师探讨加工可能性。不能随意定部件的加工要求：如允许偏差 ±0.05mm 与 ±0.01mm，仅一字之差，加工费用就会差几倍。

所以，液压元件设计师除了掌握液压基本原理、液压基本回路、元件结构工作原理、液压特性测试以外，还需要对材料特性、热处理、加工工艺、工装设计、工程（材料）力学有广泛深入的了解。

设计过程，也是研发过程。多方案探索比较，可以提高研发能力！

如果产品是供后市场的：接口尺寸一般必须与原件完全一样，性能、设定值也要一样。外形也不能有大的变动。但也不是不可以创新。

例如，前几年，在一种施工机械上，由于野蛮操作，使用的齿轮泵经常坏。一个替换件生产厂改变了思路：自己改变不了社会风气，"山不过来我过去"。针对损坏的原因，在保持连接尺寸的前提下，采取改进措施，结果损坏率大大下降，从而获得了很大的市场，甚至主机厂也来订货。

（6）预估产品性能

初步设计完成后，应预估产品的性能。

有条件的话，可以运用有限元分析预估产品在受到高压时的变形、耐压能力和工作持久性，运用流场仿真改善油液流动状况，运用多体仿真预估各种工况时部件相互间的作用力及影响，等等（详见 13.3 节）。

预估能力是衡量设计师的水平、液压修行的重要标尺。没有预估能力的人，不管他读过多少书，写过多少论文，是没有资格做液压设计师的。

（7）试制与测试原型

在原型试制出来后应进行关键性能，特别是耐压性能的测试。

把测试结果与原先预估的对比，分析寻找差别的原因。这样，把理论和实际结合起来，用理论解释实际问题，可以加深对元件工作的关键因素的理解，从而改进优化设计。

（8）进行型式试验

对优化后的样品进行全面的型式试验。把试验结果与要求对比，再进行必要的改进优化。

好的产品不是一蹴而就的，而是通过反复试验试用，不断改进，才试出来，改出来的。

（9）生产零系列

所谓零系列，就是使用以后大批量生产的机器设备、工装夹具，先进行小批量的试生产。

应对零系列产品进行持久性试验。

（10）上主机试验

把零系列产品装到主机上试验，必要时再进行改进优化。

（11）投入批量生产

液压元件的设计主要还是为了批量生产。一个生产订单下去，通常是几百件，

几千件。失败的设计，会给企业，也给个人带来很大的损失。特别是那些设计错误，在使用几个月以后才暴露出来，而此时已有大批产品投放到了市场，那对企业的损失就会极其巨大，简直就是噩梦。所以，是要慎而慎之，千万避免的。

经验表明，前一阶段的疏忽，在后一阶段常要花数倍的精力、时间与费用才能弥补。所以，在设计阶段多花时间考虑，可以成倍地节省产品试制改动的时间和成本。多花一天审查改进图纸，往往可以避免 10 天 20 天的返工。急匆匆地把图纸投入生产，往往欲速而不达。因此，领导要把好关。

（12）投放市场

在产品投入批量生产，进入市场后，设计师的工作也还没有完成。实际使用出现问题后，改进设计，排除问题，也是设计师的职责。

售后的反映、顾客的投诉是很宝贵的信息，可以帮助产品的改进优化。

当然，也必须认识到，实际使用中出现的问题，很多是由于制造质量不一致引起的，主要应由生产制造部门负责。但帮助分析问题的根源却也是设计师义不容辞的，这也是学习提高的好机会。

（13）设计变型

由于液压元件是通用的，面对的工作条件环境工况可能是多种多样的。所以，液压元件常常需要在一种基型的基础上开发出多种变型，以适应不同的需要。企业真正能获得的利润，往往是通过这些变型。

13.2　关于液压系统设计

一般来说，液压系统不是通用的，而是针对具体设备、主机的。因此，一般都有比较明确的顾客对象。

批量也不大，单件是常有的事。

液压系统设计师的任务主要是选用液压元件构建液压回路，有较大的灵活性。过程大致如下。

1. 确定对系统的需求

一般，顾客、或主机设计师会以设计任务书的方式提出对要设计的液压系统的要求。顾客可能是中间商，不清楚需求的细节，是常见的，正常的！所以，如有可能，应该建立与顾客的直接联系，了解需求、需求量、发展趋势。不仅要了解顾客当前的需求，还应知道顾客昨天的需求，想象出顾客明天的需求。

可以从以下几方面深入。

（1）调研已有系统

是否有样机？国内外先进水平怎么样，是否可以作为标杆？

是否已有专利或实用新型，可以参考和必须回避的？

（2）工况分析

总共有哪些动作？哪些由液压完成？是否合理？这时就应该考虑液压的长处与局限性。

动作间的关系：同步，互锁？互不相干，互为因果？

动作的监测：人工、还是传感器？控制方式？

采用什么执行元件，液压缸，还是液压马达？

（3）负载力

如已述及，负载力的类型、方向和大小常常是多变的。如果去问顾客，得到的回答常常是"不知道，不清楚！"

尽管很难确定，还是要尽可能地去调查清楚，因为这对液压系统设计是至关重要的。解决途径就是，测！测量现有的可类比的机型，在各种工况下的压力、流量，从而推测，新机型可能受到的负载力。

（4）系统将来的工作环境

是室内，还是露天？是否会遇到雨水、海水，或其他腐蚀性液体？温度、湿度变化范围？杂物灰尘状况？是否有阻燃、防爆要求？冲击、振动情况？电源电压波动范围？

（5）对安全性的要求

有何危险？发生频率？相应的安全标准规范是如何规定的？

如果一个液压元件出故障的话，有何危险？

操作者的素质、受培训程度如何？如果无意或有意不遵守操作规程，可能有什么危险？

出事故的后果如何：致伤（可痊愈），致残，致死？单人，或多人？

能否通过防护措施、标识、对操作者的培训来降低事故几率？

（6）对工作持久性的要求

工作周期：8 小时/天，抑或不间断？期望的工作年限？

故障停工的后果？维修能力？元件的可移性、可拆性、可更换性？重新恢复工作所需的时间？代价？对策？

（7）对外形、重量的限制

长宽高？是否要限制在集装箱范围内？

安装空间？操作者位置？故障时维修者进入方向？

允许重量？单件运输重量？重心？载荷均布性？

（8）能耗情况

能量来源，电动机或内燃机？经济转速？

是否需要和允许安装冷却器、加热器？

是否可用要用混合动力？是否需要回收制动、下降能量？

（9）对经济性的要求

目前制造成本？新的要求？限制？

同行（竞争对象）的价格？

（10）对工作进程的要求

从要求的交货期出发，倒退安排，什么时候必须完成超载试验、满载试验、优化、系统联调、组装、制造、零部件采购、设计？

（11）交货期、成本、性能

什么是最重要的？什么是次重要的？

不了解以上这些，就搞不好系统设计。这些对系统的要求，对已在该领域工作了多年的老设计师是不言而喻、一点就明的，而对于没有经验的新手来说，是很花时间和费用的。尽管如此，还是要尽可能全面、准确、详细地了解并明确地、清晰地书面表述出来，例如，通过 Excel-表格、3D-制图，等等。表述过程，是深化理解顾客需求的过程，获取顾客信任的过程，也是自己积累经验，逐步形成方案的过程。

此外，当然，也应该认识到，顾客和领导的愿望是永远不会满足的。德国工程师专门为此发明了一个单词："会下蛋可剪羊毛可挤奶的母猪"。所以，设计师的职责就是要努力做得比别人，比过去更好一些！

2. 粗定方案

1）粗定回路图，估算执行器，挑选元件。这时，要考虑的很重要的一点，就是如何应对多变的负载力。

时间允许的话，最好做多方案比较。研发能力是通过探索提高的！

2）与元件设计相似，系统制造的成本，也是 80% 以上掌握在设计师手里。设计师选错元件，定错对元件的技术要求，常会使成本成倍地增加。

3）估算成本，要考虑设备所有者的总成本，即不仅投资成本，还有运营成本。确定恰当的折衷。

4）做出报价，提供初步方案的关键点、特别是外形、尺寸。

负载力不确定性大，停机后果严重，希望工作持久性长的，方案中应留较大余地。

3. 总体设计

在报价与初步方案得到顾客（领导）首肯，拿到明确订单后进行详细的总体设计。

1）检查回路图的每一种工况。最好是每个可能的工况（包括一个元件失效的工况）单独生成一张回路图来检查。

2）预估系统稳态特性，特别是估算回路中阀与管道的压力损失，从而判断

——泵源的最高设定压力能否驱动最大负载；

——泵源的最大输出流量能否满足要求的执行器最高运动速度。

估得越接近实际工况，就越可以减少过度设计，降低成本，以后的工作进展也会越顺利。

3）制定系统组装图。确定，哪些部分采用集成块组合在一起。

4）把总体方案交顾客预验收，把自己的匠心——为顾客做了多少考虑——告诉顾客！注意观察，自己的方案能给顾客带来什么感受。

5）根据顾客要求改进。

4．细节设计

如果所有液压元件和管道的特性都如理论上那么理想化的话，设计师就太容易当了。

液压元件和管道性能的非理想化、制造的不一致性远远超过电子元件。正是这些非理想化的特性造成了系统性能的多变和不确定。液压系统设计师的本事就在于能否预估这些非理想化特性，并准备好相应的应对措施。

此时应该分析瞬态特性，如有条件的话，进行系统动特性仿真（见 13.3 节）并优化。

5．制造、组装、安装、调试优化、验收

虽然这些常常有专门部门负责，但是参与，指导，却是检验证实自己的预估，获得经验的极好机会，应该尽量争取参加。

6．完善技术文件

根据调试期间做的改进及时更新技术文件。

使用说明书、产品信息、使用规范、维护计划、维护规则、易耗易损零件、备件配件表等维护必需的技术文件，设计师在设计阶段后期就应该考虑到，并用明确的、使用者易懂易接受的语言编制。通过举办维护人员培训班等形式，帮助使用单位培训合格的员工来掌握执行维护。

7．运行、改进

产品是设计师的孩子，只要它还在世上工作，设计师就应该关心，并从而获取、积累经验。

所以，液压系统设计师除了要掌握液压基本原理、液压基本回路的特性、元件结构原理与特性，液压测试技术外，还应该掌握各类现代液压回路、故障诊断原理，具备系统动力学、控制理论、电控、PLC、编程的基本知识。

刚出校门，来到工作岗位，特别是工厂、研究所的毕业生，不要再去搞那些脱离实际的理论，而是应该尽可能地先去接触实际的工作，例如，当装配工、修理工、测试技术员、售后服务等。学会测试，增加对实际、对顾客需求和企业状况的了解，弥补在大学里脱离实际的缺陷。

同时，在这些实际工作中，仔细观察，分析研究现有的产品。从现有的问题

出发，思考什么是需要改进的，或可以改进的，从小改进着手。这样，等以后专职从事设计工作时，才能真正对企业有所贡献。

工作不满三年，最好不要去搞新产品设计。这样，自己和企业才不会遭遇灭顶之灾。工作几年后，就会知道，国内的液压企业中，有多少在搞设计，多少在搞测绘仿造，企业现在到底需要什么，顾客需要什么。

13.3 关于液压仿真

仿真指的是，把实际物理系统转换成数学模型，在计算机上进行实验和研究的过程。

在 20 世纪 70 年代，还有利用模拟计算机进行模拟仿真。但随着数字计算机的飞速发展，模拟计算机已被淘汰了。所以，现在，仿真指的就是数字仿真。

仿真现在在各行各业中应用得越来越普遍，如：气象预报、核试验、汽车碰撞，等等。

1. 仿真的过程

大致如下。

1）建模：把液压系统或元件中各部件间相互作用的关系抽象出来，转化成数学模型，或仿真模型。

2）输入反映液压系统元件自身的参数，如形状、尺寸、质量、材料特性、弹簧刚度，等等。

3）输入反映外界作用的参数：温度、负载力（转矩），等等。

4）计算。

5）表述结果，如部件变形、压力流量波动状况、节能效果等。

6）一般应首先进行常见工况下的仿真，根据经验与实测结果判断仿真结果的可信度，模型与参数是否恰当。

7）然后再改变反映外界作用的参数：温度、负载力，模拟极端工况，看看会出现什么情况。

8）改变反映液压系统元件自身的参数，分析带来的影响，对仿真模型进行优化。

9）试验多种参数组合，比较其在各种典型工况下的结果，从而得到相对较佳的参数组合。

2. 仿真的种类

液压技术中被用到的仿真大体有以下几种。

（1）有限元分析（FEM）

利用虚拟的网格把部件分解成很多（几万、几百万）个极小的形状标准（立方体等）的单元（见图13-2），假定每个单元只有一个状态。

根据理论，写出这些单元与相邻单元相互作用的力学关系，在受力时会发生的变形。

从边界面上对这个元件施加力，让这个力根据这些力学关系传到整个元件。

据此，可以看出，哪些部分受力特别大，发生多大变形，什么时候会接近甚至超出材料许用范围。

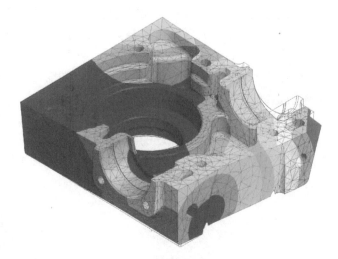

图 13-2　对一个机械零件的有限元分析

图 13-3 中，红色标记显示了，在负载压力增加到 50MPa 时，局部出现不允许的高应力。经过增加壁厚和过渡半径，消除了隐患。

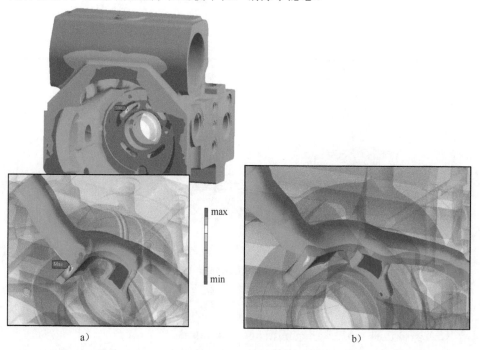

a)　　　　　　　　　　　　　　　　b)

图 13-3　对一个液压泵壳体的有限元分析（力士乐 2006）

a）改进前　b）改进后

如此给虚拟的液压元件施加很高的压力，以考察其耐压性，推断其持久性，必要时改进，只需要几天。而真要实际去做的话，不仅要花几个月的时间，而且设备花费很大，试验也可能有危险。

现在很多三维制图软件已经结合了这一功能：一个零件画完整了，就立刻可以调用此功能进行分析。

（2）流场分析（流线分析、CFD）

实际是对液压元件中流动的液体进行有限元分析，分析液体流动时的压力、速度分布（见图13-4），从而可以优化流道形状，在不影响元件强度的前提下减小压力损失。

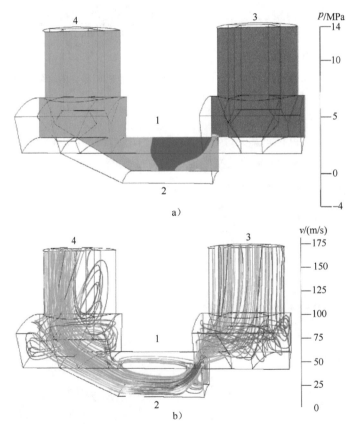

图13-4　一个换向阀的流场分析（IFAS，2001）

a）压力分布　b）流速分布

1—阀体　2—阀芯　3—进口　4—出口

（3）多体仿真（MAS——multi agent simulation）

利用仿真研究安装在一个液压元件中的多个部件相互作用带来的影响（见图13-5）。

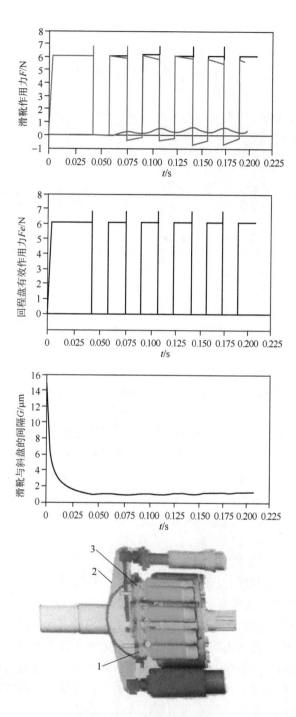

图 13-5　一个斜盘柱塞泵的多体仿真（力士乐，2013 年）

1—回程盘　2—斜盘　3—滑靴

（4）动态特性仿真

把一个液压元件或系统看成由若干相互关联的部分组成，用数学关系式描写这些部分相互间的动力学、运动学关系。根据这些数学关系式，计算出系统中各参数随时间变化的过程（见图 13-6）。

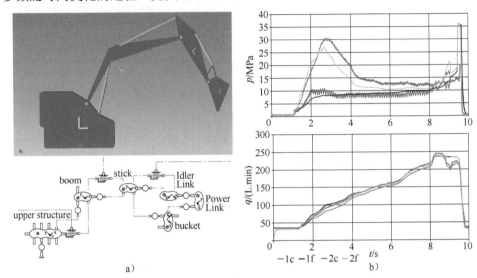

图 13-6　一个挖掘机动特性仿真（力士乐，2006 年）

a）模型　b）仿真结果

1c—泵 1 测量值　1f—泵 1 仿真值　2c—泵 2 测量值　2f—泵 2 仿真值

液压元件的特性存在着很多非线性，而使用数字仿真技术可以较贴近地描述这些非线性特性，就为深入研究提供了一个有力的工具。

现在已有一些通用的软件，如 AMESim、MATLAB/Simulik 等，有大量现成的元件模型与算法模块可调用，大大方便了仿真。

3．仿真的局限性

1）使用仿真软件需要专门的知识。

2）需要关于各部件的很详尽的数据，缺一不可。

3）必须与测试对比验证。

必须认识到，所谓仿真，说到底，不过是利用数字计算机完成复杂的运算而已，计算结果完全取决于人建立的模型及输入的参数。人没有想到的因素，没有用计算式和参数告诉计算机，计算机也就不会算出来。而建模与取参数时只能近似，必须忽略大量细节。计算也会有误差。所以，计算结果与实际状况肯定会有偏差。要知道偏差有多大，就要利用测试来对比验证。

如果对比下来，偏差很大，就说明还遗漏了一些重要因素。就应该根据偏差情况，改进仿真模型、参数和算法，向实际靠拢。

如果偏差不大，说明这个仿真模型及这组参数是比较接近实际，比较"真"的，那就还是基本可用的，可以用之预测仿真对象的性能，并在此基础上进行优化，缩短研发时间。

世界流体动力技术泰斗巴克教授，从 20 世纪 70 年代就开始倡导研究液压元件与系统的数字仿真。然而，他始终坚持：没有测试手段的不仿真，一定先要建立了测试校验能力才开始进行仿真。

作为产品研发工具，测试就像数字"1"，仿真则像放在后面的数字"0"。没有测试，仿真就没有什么价值；仿真和测试结合起来，就可以把测试的价值放大十倍百倍。测试是基础，在测试基础上搞仿真，才能建起摩天高楼，否则建的只是没有基础的空中楼阁而已。

现在，那些世界级的流体技术大公司在研发新产品时确实在初步设计阶段就采用了仿真作为辅助工具，大大加速了研发进程。但切不可忘记，在此之前，他们曾进行了长期的测试，积累了海量的数据和经验，足以检验仿真结果。

4．仿真的可取之处

1）仿真就是某种意义上的虚拟制造。仿真试验与实际制造样机，在样机上试验来比，总的来说，需要花的时间和费用都会低一些，也不会有安全问题。

2）有些有代表性的实际工况很难如希望的重复出现。例如，要考察拖拉机在高低不平的泥泞水田里行走时的负载和能量消耗。仿真时则很容易设定一个理想化的环境。

3）特别是对大学生、研究生和青年工程师，仿真建模的过程，可以促进他们关注各个技术细节的习惯。

第14章
CHAPTER 14

液压的增长热点、研发热点与发展前景

14.1　液压产业当前增长热点

近些年来，世界范围内液压产业在以下几方面增长特别快。

1. 紧凑液压

紧凑液压的核心部件就是螺纹插装阀。

螺纹插装阀，经过自 20 世纪 70 年代初开始的大范围遍地开花、技术积累成熟阶段，21 世纪初已进入了收获成果的时节。

伊顿在 2003 年宣称，紧凑液压的增长速度是其他液压业务部门的 2～3 倍。看好紧凑液压的发展前景，2005～2006 年，国际知名液压公司纷纷并购螺纹插装阀生产厂。例如，派克并购英国 Sterling 公司，力士乐并购意大利 Oil-Control 集团，伊顿并购英国 Integrated 公司，丹麦丹佛斯公司并购意大利 Comatrol 公司。

全世界的螺纹插装阀市场销售量，从 2006 年到 2012 年，增加了一倍，达到了 15 亿美元，在 2016 年已达到了 20 亿美元（升旭 2017 年 6 月报告）。

自 2003 年至 2015 年，专业生产螺纹插装阀，世界规模最大的美国海德福斯公司，销售额从不到 1 亿美元增长到 3.3 亿美元。销售额世界排名二的美国升旭公司，多年来，税后利润率一直在 15%～20%，投资者 10 年间获利 511%，销售额 2016 年达 2 亿美元。

国内也有企业很早就开始制造螺纹插装阀，是定位后市场的，也有了一定的规模。定位前市场的企业，虽然由于原有业务、基础等种种原因限制，前些年规模发展不快，但现在年产量已超过百万件，销售额也已超过 8000 万人民元。浙江一个液压门外汉公司，2013 年年初，从零开始制造螺纹插装阀，销售额 2014 年就达 200 万人民元，2015 年 800 万人民元，2017 年已达 3000 万人民元，迈出了国门，发展势头良好。

螺纹插装阀由于技术和历史发展原因，品种极多，批量较小，是技术、劳力、资金密集型产业，唯有大量采用自动化设备，才能保证质量，降低成本。

2．液压驱动+电控

国际液压行业已形成共识：没有电控，就不可能自动化。没有自动化，就没有工业 4.0。所以，与电控的结合成为发展的重点。例如，升旭 2017 年公布的产品发展计划也显示了这一趋势（见图 14-1）。

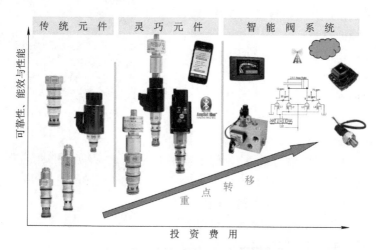

图 14-1　美国升旭公司产品发展计划

要发展液驱电控，少不了电液转换元件——电磁铁，特别是比例电磁铁。这几年，德国的比例电磁铁生产厂销售额的增长速度远超过液压行业整体。

液驱电控的发展也带动了传感器与测量技术行业的长足发展（见图 14-2）。

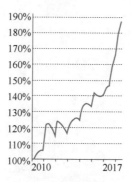

图 14-2　德国传感器与测试技术行业销售额统计，以 2010 年为基准（100%）
（德国传感器与测试技术行业协会）

14.2　液压技术当前研发热点

概括地说，当前世界液压技术的研发探索比较集中在以下几方面：

——集成化；

——高可靠性（长使用寿命）；

——扩大使用蓄能器技术，提高能效；

——轻量化，利用新材料，如铝、钛、碳纤维等，降低重量；

——与微电子技术结合，嵌入微型传感器，实现智能化。

已出现如下一些成果。

1. 电液作动器

电液作动器是电动机-泵-油箱-液压缸一体化装置。只要接上电源，给入位置或速度指令，就可工作（见图14-3）。

差动缸应用了容积调速回路，因此，能效甚高。由于其高度集成紧凑，可以大大简化主机厂的工作（见图14-4），可能会给传统液压技术带来震撼性的冲击。

图 14-3　电液作动器（力士乐，2013 年）

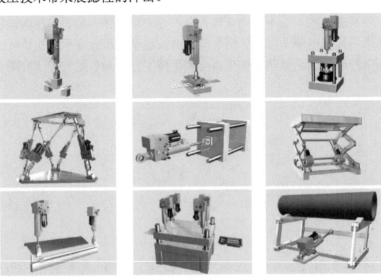

图 14-4　电液作动器可能的各种应用（力士乐，2016 年 4 月）

各大液压制造商近年全部推出了自己的产品[9]。

坐落于中国贵州，2017 年投入使用的世界最大的射电望远镜（直径 500m）"天眼"（见图 14-5）上也应用了电液作动器来调节反射镜面，称为电液促动器[12]。

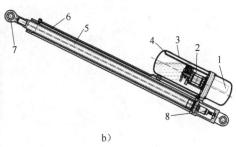

a）　　　　　　　　　　　　　　　　b）

图 14-5　"天眼"

a）天眼　b）天眼用的电液促动器

1—电器装置　2—调速泵　3—油箱　4—通气管　5—活塞杆　6—缸筒　7—关节轴承　8—位移传感器

2. 轻量化

采用新材料，例如碳纤维，强度高，密度低（仅钢的 40%），持久性和耐腐蚀性强于钢和铝。用碳纤维制作的液压缸重量轻，极受航空航天等应用的青睐。活塞杆也使用碳纤维制作的话，由于惯量小，响应频率高，对于试验设备特别可贵（见图 14-6）。

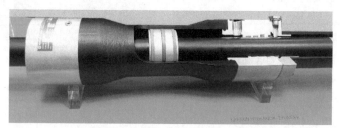

图 14-6　碳纤维液压缸（德国汉臣公司，2017 年）

3. 智能元件

这里的智能，指的并非是原始意义上的人工智能（AI）而是译自于英文 Smart 灵巧。

为了更灵活地满足顾客个性化需求，德国三位教授在 2013 年提出了工业革命 4.0，要让网络技术进入制造业，让实体装置具有感知、决策、与控制网络相连结的能力，从而实现生产智能化。这获得了德国政府的支持和产业界的响应。

这是借用技术手段，实现人的控制在时间、空间等方面的延伸，本质就是人、机、物的融合。因此，如何把传感器、联网能力结合到液压元件中，也成了一个研发热点。

力士乐在 2017 年的汉诺威工业博览会上提出"Connected Hydraulics Beyond Limits（联接的液压超越限制）"，展出了具有联网能力的通用联结板和蓄能器（见图 14-7）。

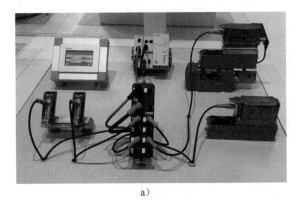

a)　　　　　　　　　　　　　　　　　　　　　b)

图 14-7　具有联网能力的液压元件（力士乐，2017 年 4 月）

a）通用联结板　b）兼有蓝牙、无线联网能力的蓄能器

伊顿研发出了一款带压力、流量、温度和阀芯位置传感器的伺服比例阀（见图 14-8）。集成控制器支持三层控制，易于设定、能实时交流、诊断故障，因此，号称工业 4.0 阀。

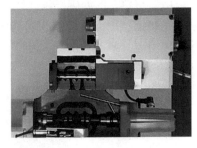

还有，基于在线污染颗粒检测仪，为了节能，研发出了智能过滤：根据预定的污染等级及实际污染程度，决定是否启动旁路过滤。

图 14-8　工业 4.0 阀（伊顿，2017 年 4 月）

4．预测性维护

预测性维护以状况监测为基础，指的是，通过持续性或周期性地监测运行状况：压力、速度、工作周期、油液量、油温、液压油品质等，了解各重要元件的状况，从而预测各元件、整个系统还能工作多久。如此，就可提前准备替换件、安排计划停车更换。有计划停车带来的损失，一般都远小于由于故障造成的突发停车。

例如，泵磨损到内泄漏严重时必须更换。但因为泵的内泄漏量随压力而变。空载时，新泵和已磨损的泵的内泄漏量都差不多。要加载以后，磨损泵的泄漏量才会明显增多。所以如果同时测量泵出口压力与泄漏量，就可判断泵的磨损程度。如果持续监测某一固定（满载）压力时的泄漏量随运行时间增加的进程（见图 14-9），就可预估，还有多久，泄漏量就会超出要求，泵该换了。

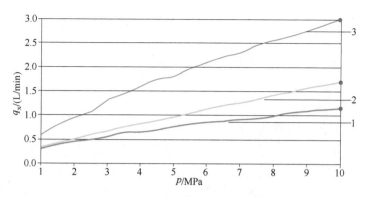

图 14-9　不同磨损程度的泵的泄漏量

1—新泵　2—使用一个月后　3—使用半年后　q_x—泄漏量　P—泵出口压力

泄漏量一般都很小，要直接测的话，要使用微流量传感器，一般都比较贵。而由于随着泄漏量的增加，泄漏油的温度也会增加。所以，也可以利用温度传感器，监测泵的磨损情况（见图 14-10）。

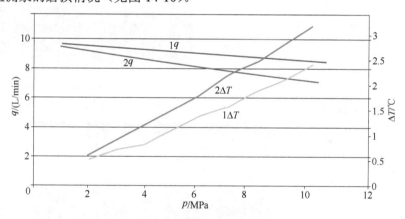

图 14-10　泵的排出流量 q 与进口泄漏口温差 ΔT 随泵出口压力 P 而变的监测

1（曲线中 $1q$ 和 $1\Delta T$）—新泵　2（曲线中 $2q$ 和 $2\Delta T$）—磨损泵

液压设备中的油，就像人体中的血，是反映设备状态的绝好的信息载体。所以，通过监测分析液压油的品质，例如油液的摩擦特性、油液中污染颗粒的数量与成分，也可能分析出元件磨损的程度，预测各元件、整个系统还能工作多久。

噪声的相对变化也可反映工况变化，有时预示了故障，或故障前兆。

现在，安装传感器，进行测试，从而获得关于运行工况的数据，已不是难事。难点在于测试哪些参数，如何评价这些大量的数据。这一方面需要对设备、液压系统的构成和工作原理有很深刻的认识，另一方面更需要多年的实践经验。在此基础上，把这些认识和经验软件化，也就是让计算机能从海量的数据中自动识别出那些特殊的，意味着将出现故障的数据模式。

预测性维护对风力发电机、海上工程等那些附近没有专业维修站的应用特别有价值。因为，去那里一次需要的旅行费用往往比更换零件的费用高得多。

预测性维护现在日益受到关注，是欧美液压界研发的热门，对应工业革命 4.0，被称为"维护 4.0"。

5．新的应用领域

液压技术新的应用领域也在不断开辟中。

1）目前正在大量建造的风力发电机都使用了笨重的增速箱，而且要吊装到几十米高处，费用不菲。如果采用液压技术，风力叶片直接驱动液压泵，就可以省掉笨重的增速箱。该技术已进入样机试验阶段。图 14-11 所示为正在测试一台用

于风力发电，功率为 1600kW 的柱塞泵（目前一般应用的液压大泵不超过 500kW）。由日本三菱重工制造的一台 2700kW 的柱塞泵样机已在 2016 年被安装在苏格兰风电场，7000kW 的柱塞泵样机也正在制造中（2017 年）。

2）波浪中所含的能量极其巨大，也是清洁可再生能源。因此，液压技术人员也正在加紧研发各种利用波浪发电的方案（见图 14-12）。

图 14-11　一台用于风力发电的柱塞泵在测试中（三菱重工，2015 年）

图 14-12　利用液压技术的波浪发电（德国洪格尔，2015 年 4 月）

以上所列只是部分研发热点而已。围绕着顾客需求，提高产品性能价值，不断有新的研发成果推出，详见参考文献[8、9、10]。

2015 年故世的世界流体技术泰斗巴克教授根据自己从事、推动、引领世界流体技术发展 50 年的亲身体会，在 2009 年 7 月写到[11]：

"在谈到研发重点时，不要忘记创新这一项。而在过去，创新标志了转折点，

突然创造了新的可能性。"

14.3　液压技术会被取代吗？

当前，新技术层出不穷，技术改变的速度越来越快，许多显赫一时被普遍应用的产品被取代了。所以，液压技术是否会被取代，这是所有与液压相关的人都应该关心的问题。

在 20 世纪 90 年代，就有人说过，液压技术会被取代。于是，中国许多大学的液压专业改称为机电研究所。如今，中国的液压工业落后世界水平 30 年，成为国民经济的锁喉之痛。两者恐怕也并非不无联系吧。

为何这里今天又要旧话重提呢？

1.　新能源带来的影响

为了减少废气和污染颗粒 PM10 的排放，保护人民的健康，采用新能源取代内燃机的呼声越来越高。世界多国已经制定了禁售燃油汽车的时间表。例如，荷兰、挪威 2025 年，印度 2030 年，德国 2030 年后，法国、英国 2040 年。我国也在 2017 年 10 月 26 日发布了"节能与新能源汽车技术路线图"。

为移动设备提供新能源，目前正在试验的主要有两种模式：纯蓄电池和燃料电池+蓄电池。

蓄电池目前还嫌笨重。小轿车要想充一次电能走几百 km，蓄电池要占一半的重量。

燃料电池可以直接把燃料（氢气或天然气）的化学能转化为电能，可以大大减少所携带的蓄电池数量，是目前最有可能在较大功率需求场合取代内燃机的技术。目前国际上已有多个公司推出了采用燃料电池与蓄电池结合，作为能源的公共汽车和卡车的原型车。

与汽车相比，许多移动液压设备的功率大得多，能量消耗也大得多，因此，采用新能源的技术难度也高得多。但相信，随着新能源的大规模应用，肯定会催生出新技术，降低成本。所以，新能源在移动液压设备上逐步取代内燃机也是迟早的事。这就会给移动液压带来大洗牌。

因为，在以内燃机作为能量来源时，虽然内燃机产生的机械能需要经过液压泵，转化为液压能，才能驱动液压缸，但要驱动电驱动器，也一样需要通过发电机发电。都有一次能量转化，电驱动并无特别优势（见图 14-13）。而在蓄电池成为能量来源后，电能就是现成的。所以，主机设计师会优先考虑电驱动，竞争的格局就会对液压传动不利。

2.　传动技术的竞争

虽然液压技术只是传递机械能而非产生机械能的技术，就像运输业，只是转

运货物而非制造货物一样。但就像运输业不会被淘汰一样，传递机械能的技术也会始终需要。

图 14-13 移动设备上的能量转化模式
a）传统能源 b）新能源

传递机械能，除了液压以外，还有机械传动（杠杆、齿轮、传动带、链条等等）、气压传动和电力传动（电动机，电磁铁）。液压传动比机械传动灵活，比气压传动和电力传动的力密度大得多，因而成为一些应用中的首选。这也像各种运输工具：飞机、轮船、火车、卡车，都是搞运输的，但各有各的特点。虽说在某些应用中有竞争，此消彼长，但任何一种都不会被完全淘汰。

3．一些例证

1）在实际应用中比较不同传动模式，代价不小。因为，不仅要纸上演练，做出相应的方案，还必须实际制造。妖魔躲在细节里。许多设想要等到真正实际制造，才能接触到细节，才能真正确定方案的可行性。因此，在很多应用领域，限于设计制造成本，往往沿用现有模式，不太敢伤筋动骨地去尝试不同的传动模式。

而如所周知，对航空航天工业而言，设计制造成本不是首位的考虑因素，安全可靠重量轻才是最重要的。所以，飞机设计师在确定方案时，肯定会比较各种可能的传动模式。最终，飞机的前襟翼、后襟翼、扰流板、尾翼、起落架，等等，还是采用液压来驱动（见图 14-14），说明液压有其不可替代的长处。

图 14-14 飞机上大量采用液压驱动

历史表明，在驱动技术上，引领潮流，采用新技术的常常是航空工业。只要液压技术在飞机上还继续在用，那么在工程机械上也不可能完全被取代。

2）美国波士顿动力公司近年来正在研发的机器人 Atlas（见图 14-15）的驱动也采用了液压。Atlas 身背蓄电池，为什么不直接采用电驱动，而是要先用电驱动液压泵，再把液压油输送到四肢去作为驱动源，绕一个大圈子呢？这也说明，液压有其不可替代的长处。

3）对固定设备而言，电能一般都可直接获得。所以，液压传动并非首选，是不得已时才会采用的。但液压还是被相当多地应用，也说明了液压技术不会单纯因为电能易得而被取代。

根本原因在于液压的力密度高。为获得直线运动，液压缸结构简单，可以达到的推力，电驱动望尘莫及。小推力的，几十几百公斤力（千克力），电驱动还可以。但大推力，不要说几万吨力，就是几千吨力，电驱动都很难做到，这是因为，电磁力被电流限制。目前所有可用的材料都有电阻：电流越大，发热越严重。

图 14-15　Atlas 机器人（美国波士顿动力公司）

4. 地平线后面的乌云

1）超导体，电阻几乎为零，理论上可以通过极大的电流，从而减小电磁执行器的体积和质量，进一步提高功率密度。自"高温超导体"的发现在 1987 年获诺贝尔奖之后，世界多国科学家投入大量精力财力研究。

据说，德国科学家在 2015 年发现，有 0.01%的石墨颗粒在–70℃时可能超导（维基百科），这对科学界是一个轰动，但对工程机械来说却还远不实用。

金属氢的超导温度据说可达 20℃。2017 年年初，美国哈佛大学的研究团队宣称，通过加压 50 万 MPa 制得了金属氢。50 万 MPa，这可超过了地心压力，也已逼近合成钻石强度崩溃的边缘啊。

所以，超导体什么时候能进入工业生产还很难说。

在常温超导体技术或其他什么新技术进入实用阶段之前，液压传动还可继续以自己的力密度高而洋洋得意。

2）力≠功率，力密度高≠功率密度高！

功率是力×速度。电流强度限制了电磁力，但并没有限制电驱动的速度。因此，高速电动机的功率密度可以超过液压马达。

在采用新能源，电能唾手可得以后，移动液压中首先会受到挑战的可能就是液压马达。但电驱动由于惯量较大，灵活性较差，因此，只有在转速不那么多变的应用场合，才可能胜出。

5. 关于技术取代

（1）实例

历史表明，新技术不一定能取代老技术。以下一些实例，可以提供借鉴。

1）磁悬浮列车靠磁力悬浮在空中，行进时不接触地面，没有与地面的摩擦力。理论上来说，是极其美好的。其原理早在 1922 年就由德国工程师提出了。然

而，实际动手制造，则发现造价昂贵。因为磁力与间隙成反比，因此，对轨道的平直度有极高的要求。世界上首条磁悬浮列车线路于1984年在英国伯明翰开始商业运营，已于2003年拆除，更换为轮式系统。上海的磁悬浮示范运营线目前是世界上唯一一条商业运营的高速线路。

2）火车牵引机车，最早被应用的是蒸汽机车（1825年），后来出现的是电力机车（约1840年），20世纪七八十年后才出现内燃机车（约1920年）。现在，蒸汽机车基本退出了使用，内燃机车与电力机车同时并用已近一个世纪。尽管现在高速列车普遍使用的是电力驱动，但内燃机车还在大量地使用。

3）汽油发动机是1883年发明的，而柴油发动机是之后9年才发明的。多年来柴油机由于出力大，备受青睐，在船舶、卡车、移动工程机械上几乎是唯一的动力源，在轿车上也与汽油机平分天下。然而，现在，柴油机又因为是细微颗粒PM10和NO_X的主要排放源而前途岌岌可危了。

（2）技术取代的条件

1）功能、应用领域环境必须基本相同。拿牛头与马腿来谈取代，是无稽之谈。

2）性价比更优：或性能优，而价格增加不多；或性能不差，但价格明显低。

这里的性能应该是广义的，包括了持久性、环保性等等。

这里的价格，则不仅要考虑到研发、设计、制造费用，还要考虑到更换、替代费用。

因此，要说一项技术先进，可以取代另一项，就需要实事求是地全面比较通过测试获得的性能数据，比较各种成本，光比较某一点是不够的。例如，伺服阀，尽管其重复性、线性等明显优于电比例阀，但其应用数量、范围还是远不如电比例阀，不仅是由于伺服阀结构复杂，制造成本降不下来的缘故，还有伺服阀对污染十分敏感等等问题。

另外，对于性能，不同应用的关注重点不同。例如，液压元件的工作持久性，远洋船希望能20年，而导弹则只需要几分钟。在一种应用中是优秀的性能，完全可能在另一种应用中不被重视。

所以，说什么，发明了一种神器，可以取代全部现有液压技术的，那不是幼稚，不了解液压技术的博大精深、应用广泛，就是有意忽悠。

特别是现在，有些人喜欢用做娱乐广告的方式来宣传技术，什么名词时髦就挂什么，炒作的概念甚多，例如，什么"空气驱动大巴""水驱动自行车"，全然不顾科学技术的严谨性[26]。

所以，作为液压技术人员，现在特别需要有警觉与识别忽悠的能力与习惯，多剖析现象，多思考本质。

（3）技术取代的过程

技术取代总是有一个过程的。

1）发现技术可能性。

2）找到成本价格可接受，可以批量生产的工艺。

3）开始获得应用，成本、价格进一步下降。

4）某个应用领域的主机厂开始在新生产的主机上采用。即便如此，已在流通工作的设备的拥有者也不会像是对手机那样，说换就换，随手抛弃现有的设备。

5）取代不会一下子全面铺开，而是逐个逐个应用领域地发生。

所以，这个过程，是需要一定时间的。像液压这样一种经过几百年发展，由几十万人研发，被几百万乃至几千万人在国民经济各个领域中使用的技术，即使出现什么能取代的新技术，被全面取代的过程至少要持续 10～20 年。在这 10～20 年中，液压技术本身又会出现多少创新？

6. 做好自己的工作

物理定律，难以抗拒，大趋势也很难改变。望着大趋势哀鸣，无济于事。但是，现实生活是极其复杂的：炎炎烈日之下，总能找到遮阳避暑的地方；冰封千里之时，也总有办法避风保暖，开个冰下旅馆，还能挣钱。

其实，"天眼"（参见图 14-5）的调节促动器最初选用的是电驱动，碰到一些问题，未能解决。之后，国内一批液压专家，克服了很多技术困难，用液压传动满足了要求[12]。试想，如果液压传动的困难没有被克服，而电驱动解决了那些技术问题，液压不就在这个应用上被排挤取代了吗？

所以，技术取代问题需要具体分析，而非笼统地一言概之。在认清大趋势的同时，更要关注的是：自己公司的产品是否有发展前途；市场份额是否在减少。液压传动是否会被取代，也取决于各人各企业自己的努力。

液压技术不会被完全取代，但液压产品会被淘汰。

移动液压现在已经对能耗十分敏感，采用新能源后，对节能的要求肯定会更高。能效低的元件和回路被淘汰是必然趋势。

所以，搞液压技术的，必须不断学习。企业领导应该关注，挑选对自己有利的战场，不断探索、改进、创新、与时俱进，调整适应顾客需求的变化。如果想学一次管用一辈子，相同的产品一造几十年的话，那么，被淘汰是不可避免的。

巴克教授还指出，"创新意味着，识别出新的未被意识到的应用，发现新的联系，这是一种才能，需要绞尽脑汁与横向思维。流体技术在这方面看上去特别有潜力，因此我对流体技术的未来毫不担心。它将继续发展。也许不像我们能够想象的那样，但它会找到新的路。从这个意义上我祝愿我们这个专业领域继续蓬勃发展。"[11]

两院院士，前中科院院长路甬祥教授，中国液压领域中出现的最杰出者，在通观全局后高瞻远瞩地作出了如下断言："由于流体特性及其应用领域的多样化及复杂性，流体传动与控制技术在未来有着无穷无尽的研究领域和无止境的应用范围。"

附录
APPENDIX

本书提供的附赠资源中有下述内容。

1. 关于液压应用

介绍液压技术应用的幻灯片文件"液压应用.ppsx"。

2. 作者已发表过的部分文章

在文件夹"作者已发表了的部分文章"中收录了作者在国内杂志上已发表了的部分文章，供读者参考。

1）《阀研发的趋势》，<流体传动与控制>，2004(6)。

2）《中国大学液压教材必须作重大改进》，<液压气动与密封>，2009(6)。

3）《流体技术的过去和将来》（介绍巴克教授的新书《从流体技术 1955 年到 2009 年的研发历史说起》，<液压气动与密封>，2010(5)。

4）《测试是液压的灵魂》，<液压气动与密封>，2010(6)。

5）《关于中国液压工业的差距与优势》，<液压气动与密封>，2010(9)。

6）《国外液压研发动态介绍》，<液压气动与密封>，2012(1)。

7）《液压阀的安装连接方式》，<流体传动与控制>，2012(2)。

8）《纠正一些关于稳态液动力的错误认识》，<液压气动与密封>，2010(9)。

9）《2013 汉诺威工业博览会见闻》，<液压气动与密封>，2013(7)。

10）《2015 汉诺威工业博览会见闻》，<液压气动与密封>，2015(9): 1-3。

11）《2017 汉诺威工业博览会见闻》，<液压气动与密封>，2017(9): 1-3。

12）《什么是液压阀》，<液压气动与密封>，2012(11)。

13）《德国亚琛工大流技所科研现状简介 2013》，<流体传动与控制>，2013(6)。

14）《大学液压教材应该编成丛书》，<液压气动与密封>，2013(12)。

15）《关于"第四次工业革命"的探讨》，<流体传动与控制>，2014(2)。

16）《不拒绝小改进——2014 拉斯维加斯国际流体动力展见闻》，<液压气动与密封>，2014(6)。

17）《德国大学工程学科的教与学》，<流体传动与控制>，2014(4)。

18）《做好耐久性试验》，<液压气动与密封>，2014(10)。

19）《液压泵阀在有污染颗粒时的磨损特性》摘译，<流体传动与控制>，2015(4)。

20）《国外近 40 年来对轴向柱塞泵马达的研究综述》，<液压气动与密封>，2015(10)。

21）《工业 4.0 给流体技术行业带来的机遇和挑战》，<液压气动与密封>，2016(5)。

22）《不要停留在压力表的朝代》，<液压气动与密封>，2016(8)。

23）《"数字液压"之我思》，<液压气动与密封>，2017(11): 1-5。

24）《液压技术会被取代吗？》，<流体传动与控制>，2017(06): 1-6。

参考文献
REFERENCES

[1] 张海平. 液压螺纹插装阀[M]. 北京：机械工业出版社，2011.

[2] 张海平. 液压速度控制技术[M]. 北京：机械工业出版社，2014.

[3] 张海平，等. 实用液压测试技术[M]. 北京：机械工业出版社，2015.

[4] 张海平. 液压平衡阀应用技术[M]. 北京：机械工业出版社，2017.

[5] Univ.-Prof. Dr.-Ing. Murrenhoff. Grundlagen der Ölhydraulik[M]. 6.Auflage. IFAS, RWTH Aachen. Aachen: Shanker Verlag, 2011.

[6] Dieter Will, Norbert Gebhardt. Hydraulik[M]. Heidelberg: Springer, 2011.

[7] 张海平. 中国大学液压教材必须作重大改进[J]. 液压气动与密封，2009(6): 8-11.

[8] 张海平. 2013 汉诺威工业博览会见闻[J]. 液压气动与密封，2013(10): 1-4.

[9] 张海平. 2015 汉诺威工业博览会见闻[J]. 液压气动与密封，2015(9): 1-3.

[10] 张海平. 2017 汉诺威工业博览会见闻[J]. 液压气动与密封，2017(9): 1-3.

[11] 张海平. 流体技术的过去和将来[J]. 液压气动与密封，2010(5): 1-2.

[12] 王建中. 500 米口径球面射电望远镜用液压促动器的研制[J]. 液压气动与密封，2017(2): 1-3.

[13] CHRISTOPH C. Dicke Luft[J]. ADAC Motorwelt，2017(4): 11-17.

[14] 张海平. 不要停留在压力表的朝代[J]. 液压气动与密封，2016(8): 64-67.

[15] 中国机械工程学会. 中国机械工程技术路线图[M]. 北京：中国科学技术出版社，2011.

[16] 王益群，等. 液压工程师技术手册[M]. 北京：化学工业出版社，2011.

[17] 徐绳武. 发展我国经济型、集成式开式油路泵控系统[J].液压气动与密封，2010(5): 55-60.

[18] 张海平. 介绍一种新阀"软溢流阀"[J]. 流体传动与控制，2005(5): 1-3.

[19] 张海平. 流体技术的过去和将来[J]. 液压气动与密封，2010(5): 1-2.

[20] 张海平. 测试是液压的灵魂[J]. 液压气动与密封，2010(6): 1-5.

[21] 张海平. 纠正一些关于稳态液动力的错误认识[J]. 液压气动与密封，2010(9): 10-15.

[22] 张海平. 液压是一门实验科学[J]. 液压气动与密封，2012(12): 1-5.

[23] 张海平. 做好耐久性试验[J]. 液压气动与密封，2014(10): 1-5.

[24] 张海平. 国外近 40 年来对轴向柱塞泵马达的研究综述[J]. 液压气动与密封，2015(10): 1-5.

[25] 张海平. 关于"第四次工业革命"的探讨[J]. 流体传动与控制，2014(2): 1-3.

[26] 张海平. 工业 4.0 给流体技术行业带来的机遇和挑战[J]. 液压气动与密封，2016(5): 78-89.

[27] 张海平. 关于工业 4.0 的见闻与思考[J]. 液压气动与密封，2017(7): 1-3.

[28] 张海平. "数字液压"之我思[J]. 液压气动与密封，2017(11): 1-5.